U0160448

哈尔滨理工大学制造科学与技术系列专著

空间小型卫星对接机构及其仿真试验台设计技术

张　元　著

科学出版社

北　京

内 容 简 介

本书主要介绍空间小型卫星对接机构及其仿真试验台设计技术，内容涉及新型空间小型卫星对接机构结构设计与对接过程、收-拉三爪式对接机构对接过程建模与位姿分析、收-拉三爪式对接机构对接过程仿真与动力学特性分析、收-拉三爪式对接机构的关键部件有限元分析与优化设计、六自由度仿真试验台结构设计与工作原理、六自由度仿真试验台动力学特性与机构稳定性分析、六自由度仿真试验台控制系统方案设计，以及对接机构及其仿真试验台物理样机试验等。

本书可为航天器对接设计领域的研究人员提供参考，也可作为高等院校飞行器设计及相关专业研究生和高年级本科生的学习用书。

图书在版编目（CIP）数据

空间小型卫星对接机构及其仿真试验台设计技术/张元著. —北京：科学出版社，2023.11

(哈尔滨理工大学制造科学与技术系列专著)

ISBN 978-7-03-076616-8

Ⅰ. ①空… Ⅱ. ①张… Ⅲ. ①小型卫星-空间对接机构-系统仿真-实验技术 Ⅳ. ①V474.1

中国国家版本馆 CIP 数据核字（2023）第 193715 号

责任编辑：裴 育 陈 婕 / 责任校对：任苗苗
责任印制：肖 兴 / 封面设计：蓝 正

科 学 出 版 社 出版
北京东黄城根北街 16 号
邮政编码：100717
http://www.sciencep.com

北京中石油彩色印刷有限责任公司 印刷
科学出版社发行 各地新华书店经销
*
2023 年 11 月第 一 版 开本：720×1000 1/16
2023 年 11 月第一次印刷 印张：12 1/4
字数：245 000
定价：98.00 元

（如有印装质量问题，我社负责调换）

前　　言

　　空间小型卫星对接机构是在轨航天器实现无人对接的关键装备，对接机构构型的合理性是对接领域的核心部分，也是顺利完成太空对接任务的重要保证。为了提高对接机构的可靠性，确保方案设计的合理性，对接机构往往需要结合相应的地面多自由度仿真试验台来模拟太空环境进行样机实测分析。本书针对对接机构空间交会对接的实际需求，在分析空间对接机构交会对接运动特性的基础上，利用数值模拟和实验研究等方法开展新型三爪式空间对接机构与立式及复合式六自由度仿真试验台的研究工作，分析和验证对接机构设计的合理性及应用的安全有效性。

　　全书共 9 章，主要内容包括：针对空间对接机构位姿的运动学特性和交会对接的动力学特性进行分析，建立主被动对接机构的位姿数学模型与交会对接的动力学模型，对主被动锁爪运动学、锁爪碰撞力与缓冲动力学进行研究；设计新型三爪式空间对接机构，该机构具有捕获范围大、重量轻、对接可靠性高、检测及控制方便等优点，满足对接机构的设计要求；建立对接过程中的动力学模型，进一步分析碰撞与缓冲过程的动力学特性，确定优化设计参数；通过建立运动模拟器的对接过程动力学模型，分析摩擦力矩、接触力矩和对接位姿误差影响因素，确定控制策略，以期提高运动精度；开展立式和复合式六自由度仿真试验台的构型设计，实现偏航、滚转、俯仰以及水平和垂直方向运动的六自由度模拟功能；针对复合式对接试验台在静动态下的稳定性要求，提出采用稳定裕度准则与能量裕度准则的联合判定方法；研制三爪式对接机构和立式六自由度仿真试验台物理样机，并对其运动性能、功能指标以及力学性能等进行整机联合特性测试试验、对接机构与试验台的联合仿真试验，试验结果与理论分析结果一致，验证了两台物理样机设计的合理性。

　　本书是作者及其研究团队近十年来在小型卫星自主对接技术研究方面的成果总结。与本书内容相关的工作得到了国家自然科学基金项目"基于功能复合的新型对接动力学测试平台可靠性机理及实验研究"(51375125)与"大型空间桁架在轨装配细胞单元衍生重构策略及路径规划"(52075134)等的支持，部分研究成果已经在相关领域得到了具体试验应用，并取得了良好的社会效益。

　　本书由张元教授负责全书的撰写与统稿工作。戴野教授参与第 2 章、第 3 章和第 6 章部分内容的撰写及全书的编排工作，李兆龙副教授参与第 9 章部分内容的撰写及全书的编排与校核工作。在撰写本书过程中，哈尔滨理工大学数字化设计与非标自动机械产品开发研究所、哈尔滨工业大学航天学院等单位给予了大力支持；同时，刘献礼教授、李文娟教授、赖一楠教授、邵俊鹏教授、赵阳教授、田浩副教授给予了指导和帮助；孙丽丽、于洋涛、王健、王盈盈、周丽丽、张丽媛、范长珍、张津等研究生在结构优化、模型建立、数值仿真、实验研究等方面做了大量工作，在此一并向他们表示感谢。

由于作者水平有限，书中难免存在不足之处，敬请广大读者批评指正。

目　　录

第1章 绪 论

1.1 空间小型卫星自主对接技术发展的意义

人造卫星是目前发射数量最多、用途最广、发展最快的航天器,人造卫星可分为三大类,即科学卫星、技术试验卫星和应用卫星。1957年10月4日苏联发射了世界上第一颗人造卫星,之后美国、法国、日本也相继发射了人造卫星。我国于1970年4月24日发射了第一颗人造卫星——东方红一号。继各个国家成功发射第一颗人造卫星后,人类太空活动不断增加。

卫星造价昂贵,在太空中很难进行维护修理,因此提高其效益最常用且有效的方法就是延长其寿命。以往延长卫星寿命多采取改进卫星设计方案、开发长寿命卫星元器件、关键部件采用多重备份、建立严格的质量保证体系以及充分进行地面试验等措施。通过采取这些措施,卫星寿命从几十天逐渐增加到几年、十几年甚至几十年。但伴随着当今航天任务需求的不断增大,如在轨加注燃料、组装空间站、在轨维修服务等,仅单一延长卫星的使用寿命已经无法满足现代航天业的发展需求。因此,各国开始深入研究在轨服务维修、空间自主交会对接等空间服务技术,以期延长卫星的工作寿命和提高卫星的使用功能。空间交会对接(rendezvous and docking,RVD)技术是实现在轨装配、回收、补给、维修和空间救援等空间操作,以及空间站、空间实验室、空间通信和遥感平台等大型空间设施使用的先决条件。近年来,随着交会对接技术的发展,尤其是自主对接机构在航天领域的有效应用,该技术成为延长卫星工作寿命及提高使用功能的有效途径之一[1,2]。

空间交会对接包括交会和对接两部分的空间操作。交会指的是两航天器在预定空间轨道上按预定运动速度相互靠近的过程,也就是主动航天器和被动航天器通过轨道参数的协调同时到达同一空间位置的过程。对接则是指两航天器在完成交会的基础上,通过特殊的对接机构连成一个整体结构。交会对接过程通常可以分为四个阶段,即远程导引段、近程导引段、最后逼近段和对接合拢段。其中,远程导引段又包含调相段、漂移捕获段以及轨道平面校正。处在空间交会对接过程中的航天器分为目标航天器和追踪航天器。一般而言,目标航天器在整个过程中不做轨道机动,在确定的轨道上飞行,且保持对地定向状态,而追踪航天器会进行一系列的轨道机动和姿态机动,以保证在对接点处相对于目标航天器有合适的姿态和速度。依靠空间交会对接技术,人类可以实现空间站的建造、在轨长期驻留、载人登月等复杂的航天活动[3,4]。

自主交会对接是指在没有地面以及航天器内的人员介入的情况下,两个航天器依靠自身的导航、制导与控制系统,自行地完成交会对接的全过程。相比于传统依靠地面控制的交会对接,自主交会对接因具有可降低地面人员的工作强度、消除信号延迟带来的影响、避免外界的干扰等优势而具有广阔的应用前景[5,6]。

空间交会对接技术的作用[7,8]主要体现在以下几方面:

(1) 为长期运行的空间设施提供物资补给,为宇航员提供运输服务;

(2) 捕获废弃的卫星和空间垃圾,净化太空环境;

(3) 组装空间站,由于运载能力的限制,空间站需由多个舱段在轨组装而成;

(4) 实施航天器维修和更换零件等操作,延长航天器的使用寿命;

(5) 实施太空救援,确保宇航员和航天器的安全;

(6) 发展空间防御卫星平台,实施对敌侦察,摧毁敌方间谍卫星。

交会对接技术是建设我国载人空间站、确保载人航天工程可持续发展的技术基石之一。交会对接技术涉及系统众多、技术复杂,要求载人航天工程各系统在若干技术领域实现进一步发展和突破。同时,交会对接技术的突破也将带动我国航天技术的整体进步,增强我国在航天领域的整体实力,推动我国航天事业快速发展[9]。

1.2 在轨对接机构技术的研究现状

1.2.1 国外对接机构技术研究

对接机构作为交会对接技术的关键部件,得到了世界各国的高度重视。世界各国对于对接机构的研制开展了深入的设计研究工作。

苏联在早期的飞船与飞船交会对接试验、礼炮号空间站、和平号空间站和国际空间站计划中不断研究、发展、改进和完善了交会对接机构技术。

1967 年 10 月 30 日,苏联先后发射了两艘不载人的联盟号飞船——宇宙186 号和宇宙 188 号,成功进行了世界上第一次无人航天器自动交会对接。宇宙 186 号为追踪飞行器,宇宙 188 号为目标飞行器,它们采用"针"模拟测量系统和无通道的杆-锥式对接机构。杆-锥式对接机构由"杆"和"锥"两部分构成[10],如图 1-1 所示。随后苏联的联盟 4 号和联盟 5 号飞船实现了首次载人交会对接，但这一阶段的杆-锥式对接机构并没有提供人员转移的内部通道，两名宇航员通过舱外活动从一艘飞船转移到另一艘飞船上[11]。

图 1-1　杆-锥式对接机构

1971 年 4 月 19 日，苏联发射了世界上第一个空间站——礼炮 1 号，对以前的杆-锥式对接机构进行了改进，发展了可移开的杆-锥式对接机构[12,13]，实现了对接后的密封连接，并形成航天员来往通道。这种对接机构使用范围非常广泛，已成功应用于联盟号载人飞船、进步号货运飞船，以及礼炮号空间站和和平号空间站。

美国在阿波罗计划、天空实验室计划、航天飞机的卫星维修任务、航天飞机与和平号空间站对接任务、国际空间站计划和猎户座飞船计划等载人航天计划中不断研究、发展、改进和完善了交会对接机构技术。

1966 年 3 月 16 日，美国双子星座 8 号载人飞船与阿金纳火箭末级实现了世界上首次人控交会对接，其中，阿金纳火箭末级作为追踪飞行器，双子星座 8 号载人飞船作为目标飞行器[14]。双子星座 8 号载人飞船与阿金纳火箭末级之间的对接机构采用环-锥式对接机构，如图 1-2 所示，它由内截顶圆锥和外截顶圆锥组成。内截顶圆锥安装在一系列缓冲器上，能吸收冲击能量。

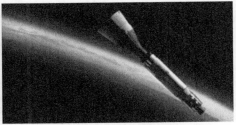

图 1-2　双子星座 8 号载人飞船与阿金纳火箭末级对接

1975 年，美国阿波罗 18 号载人飞船与苏联联盟 19 号载人飞船首次进行了两个不同国家航天器的交会对接，同时实现了从两个不同发射场发射的航天器的交会对接，并首次使用了异体同构周边式对接机构，如图 1-3 所示。"异体同构"是指追踪飞行器和目标飞行器上的对接机构采用相同的结构，没有主动和被动之分。对接时，追踪飞行器上的对接机构伸出装配在周边的三个板状导向器，使两个对接机构准确接触，锁定后对接机构回缩拉紧对接面，最终锁定两个对接面完成对接[15,16]。

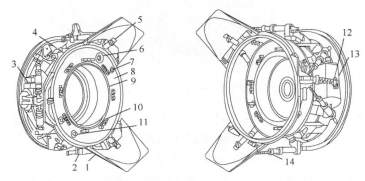

(a) 处于被动状态的阿波罗18号载人飞船   (b) 处于主动状态的苏联联盟19号载人飞船

图 1-3 异体同构周边式对接机构

1-导向片；2-液压缓冲器；3-对接传动机构；4-捕获锁卡爪；5-捕获锁；6-销孔；7-推杆；8-对接框；
9-密封圈；10-结构锁；11-导向销；12-弹簧锁；13-带有对接机构的差动设备；14-滚珠丝杠

苏联继续发展此类结构，并于 1989 年成功研制了内翻式(相对 APAS-75 的导向片外翻式结构)机电混合式对接机构，后称为 APAS-89，如图 1-4 所示。机电混合式对接机构具有重量轻、结构紧凑、结构刚度大、承载能力强等优点。苏联的暴风雪号航天飞机与和平号空间站的对接，以及美国阿特兰蒂斯号航天飞机与和平号空间站的"晶体"舱的对接都使用该种对接机构[17,18]。

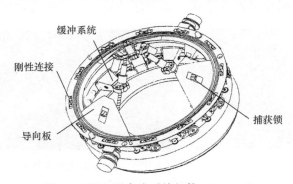

图 1-4 机电混合式对接机构(APAS-89)

"轨道快车"计划是美国为开发空间自主机器人系统制定的一项较完整的在轨服务体系演示验证计划,属于美国绝密太空项目。该项目研发的系统具有在轨捕获功能,以及重量轻、轨道机动能力强等特点,其目的是为太空防御做基础。该系统采用的对接形式为三叉形对接机构直接捕获方式[19],如图1-5所示。

(a) 对接机构实物图   (b) 捕获方式

图1-5 三叉形对接机构直接捕获方式

美国"轨道快车"计划于1999年11月开始实施,到2007年3月才成功完成在轨试验,其涉及系统主要由未来星(next generation of satellite,NextSat)和太空自动化运输机器人(automated space transfer and robotic orbiter,ASTRO)组成[20]。两卫星同时发射,进入太空交换数据后再分离,然后ASTRO会主动捕捉NextSat,ASTRO先锁定NextSat并且与其接近,再伸出机器人手臂将NextSat拉到身边进行燃料补充、更换电池板等操作,甚至摧毁它。

杆-锥式对接机构如图1-6所示,早期应用于美国和苏联的对接实验,在登月计划、天空实验室工程以及联盟号载人飞船设计中均有应用[21],随后不断

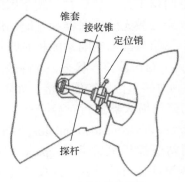 

(a) 杆-锥式机构结构图   (b) 杆-锥式对接机构实物图

图1-6 苏联研制的杆-锥式对接机构

改进为更完善的对接机构，并广泛应用于"进步"号货运飞船和"礼炮"号、"和平"号空间站等重要空间设备中。

除了美国和苏联这两个航天大国提出的对接机构形式以外，还有其他形式的对接机构，如日本工程试验卫星 ETS-Ⅶ的末端执行机构 ERA 和 ARH，它们是世界上最早成功验证自主在轨捕获技术的对接机构，如图 1-7 所示。该机构的末端安装有多种传感器以提高抓接的灵敏度，同时该机构可用于完成包括加注燃料、更换模块在内的精确操作任务[22,23]。

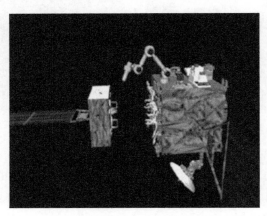

图 1-7　ETS-Ⅶ

HTV 飞船是日本独立研制的无人货运飞船，其主要任务是向国际空间站运送补给，于 2009 年 9 月进行了首飞并成功与国际空间站对接。HTV 飞船的对接系统由三菱电机株式会社开发，主要由近旁通信系统、PROX 天线、PROX-GPS 天线、PROX 沟通设备以及硬件指令面板构成。HTV 飞船依靠全球定位系统(global positioning system，GPS)飞到国际空间站下方，然后在安装于国际空间站的日本核心舱段希望号实验舱下方的接收会合激光的反射器和飞船的激光雷达的共同作用下，实施会合机动。当 HTV 飞船与国际空间站的相对距离为10m 时，飞船关闭轨控和姿控发动机，开始进入"自由飘浮"状态，等待被国际空间站上的航天员操纵机械臂捕获，随后被拉到对接口位置实施对接，如图 1-8所示，这是国际空间站第一次采用这种方式与来访航天器进行对接[24,25]。

加拿大研制的专用灵巧机械手(special purpose dextrous manipulator，SPDM)运动机械臂，如图 1-9 所示。它挂载于空间站遥控机械臂系统(space station remote manipulator system，SSRMS)上，其基座设计为可移动式，并且手臂末端运动控制非常灵活，可以自主完成多种精密工作[26,27]。

图 1-8　空间站机械臂捕获 HTV 飞船

图 1-9　SSMRS 和 SPDM 系统

　　ERA 捕获机构如图 1-10 所示，由欧洲航天局与俄罗斯航天局共同研制，其主动机构的三个锁爪均匀分布，能够实现捕获后的可靠锁定保持。同时在捕获装置上安装精密传感器，以实现捕获情况的实时反馈，辅助航天器捕获过程的监控，航天器捕获后可进行燃料的输送供给。此机构对控制系统精度要求较高，因此适用于对质量惯性较大的航天器进行捕获的情况[28,29]。

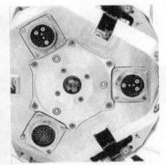

图 1-10　ERA 捕获机构

1.2.2 国内对接机构技术研究

我国在航天技术领域投入了大量的科研力量，近年来取得了长足进步，在空间对接机构方面已取得很多骄人的成绩。2011 年，神舟八号飞船与天宫一号空间实验室成功交会对接，圆满完成了我国首次空间交会对接的任务；2013 年，神舟十号飞船与天宫一号空间实验室成功交会对接，圆满完成计划的航天任务，再一次证明了我国航天领域的技术实力。神舟系列飞船曾多次与天宫一号空间实验室成功对接，航天器之间的对接机构采用的是我国自主研发产品——APAS-2010 异体同构周边内翻式对接机构[30,31]，如图 1-11 所示。

图 1-11　神舟十号飞船与天宫一号空间实验室对接效果图

近年来，我国各大高校也研制出了多种对接机构。北京航空航天大学研究人员及其合作人员设计了可重构移动机器人系统对接机械手[32-34]。图 1-12 是该机械手抓取和对接示意图。

(a) 抓取示意图

(b) 对接示意图

图 1-12　可重构移动机器人系统对接机械手

哈尔滨工业大学的张广玉和李隆球等设计了三臂型非合作目标对接机构[35,36]，如图 1-13 所示。该机构属于一种卫星对接机构，其发明目的是解决现有卫星对接机构对接成功率比较低，且对运动精度要求极高的问题。

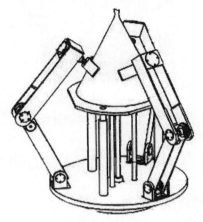

图 1-13　三臂型非合作目标对接机构示意图

上海交通大学的徐颖等针对微纳卫星母星与子星的关系特征，设计了一种智能化的对接机构——微纳卫星对接机构，此机构的优点是可以协同配合多个子星，其结构简图如图 1-14 所示[37,38]。

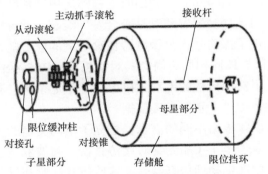

图 1-14　微纳卫星对接机构结构简图

沈阳航空航天大学的张艳丽等设计了在轨可更换模块(orbital replacement unit，ORU)对接机构，如图 1-15 所示，其结构包括外壳、识别抓取装置、机械对接机构、传动机构、触点开关和对接导向机构等[39,40]。该机构的特点是机械接口的连接方式及传动机构简单、易操作，将更换模块的操作简化在几个自由度内，所以对机械臂的要求较低，同时具有即时发觉偏差和纠正的功能。

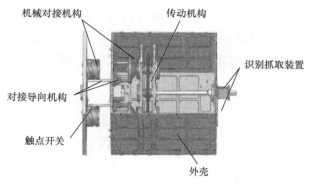

机械对接机构　　　　　传动机构

识别抓取装置

对接导向机构

触点开关

外壳

图 1-15　ORU 对接机构

1.3　仿真对接试验台技术的研究现状

1.3.1　国外仿真对接试验台技术研究

　　国外虚拟样机技术在航天领域应用较早，已形成一套成熟的仿真分析检测体系，在航天器设计中发挥着重大作用。美国休斯顿太空中心已将虚拟样机技术应用于航天飞机涡轮泵、压缩器叶片设计检测的全过程。1997 年 7 月，美国航空航天局(National Aeronautics and Space Administration，NASA)的喷气推进实验室(Jet Propulsion Laboratory，JPL)的工程师运用这项技术预测在制动火箭与火星风的相互作用下探测器着陆时是否会发生滚翻，并针对这个问题修改了技术方案，成功实现了探路号火星探测器在火星上的软着陆，保证了火星登陆计划的成功。苏联以异体同构周边内翻式对接机构(APAS-89)为研究对象，利用ADAMS 软件建立了对接机构的差动式机电缓冲阻尼系统，其仿真结果为空间对接过程动力学建模提供了重要参考依据[41]。

　　美国、苏联等国家根据不同的需求，建立了不同类型的空间对接半物理仿真试验台[42,43]，如双子星座飞船光学对接仿真器、阿波罗飞船近距离交会对接仿真设备以及九自由度半物理仿真器等，这些仿真试验和设备的研制成果为各国开展空间交会对接技术提供了坚实的保障，带来的经济效益非常可观[44]。

　　目前，较成熟的应用技术试验台大致分为三种，即三自由度水平仿真试验台、五自由度绳索式综合仿真试验台和六自由度混合式综合仿真试验台[45,46]。

　　1. 三自由度水平仿真试验台

　　三自由度水平仿真试验台如图 1-16 所示，由主动测试台、重力平衡机构、对接机构和被动测试台组成，采用周边式的缓冲器进行动力学性能研究[47,48]。

该试验台的主要功能是模拟对接机构分离和对接的过程，展现过程中的状态，即中心碰撞、导向片相互碰撞、带偏差的滚转碰撞以及导向环相互碰撞等。一般碰撞会带来稳定性问题，三自由度水平仿真试验台可以演示两对接机构进行对接时的动力学基本情况，其稳定性良好[49,50]。

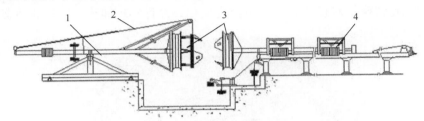

图 1-16 三自由度水平仿真试验台
1-主动测试台；2-重力平衡机构；3-对接机构；4-被动测试台

2. 五自由度绳索式综合仿真试验台

五自由度绳索式综合仿真试验台[51]用于阿波罗飞船与联盟号飞船的模拟对接试验，如图 1-17 所示。试验中一般采用实际比例的飞行器模型[52-54]，可以实现水平方向的对接，通过试验机的模拟动作演示动力学仿真，由于飞行器的模型比例相似，可以更加准确地测出相应数据[55]。五自由度绳索式综合仿真试验台可调整飞行器飞行的工作参数，保证模拟过程顺利进行，也可用于卫星对接试验过程中的稳定性方面探讨研究。

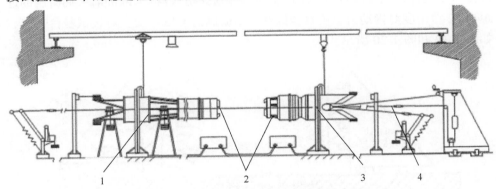

图 1-17 五自由度绳索式综合仿真试验台
1-被动航天器模拟装置；2-对接机构；3-主动航天器模拟器；4-拉力机构

3. 六自由度混合式综合仿真试验台

美国航天飞机能够相对准确且稳定地停靠在空间站附近，为了更好地实现这种技术，人们设计了六自由度混合式综合仿真试验台[56]，如图 1-18 所示。这种试验台由主动对接试验台和被动对接试验台组成，主动对接试验台安装在比较灵活的控制平台上，其自由度可以达到六个；被动对接试验台安装在试验台的固定座上，同时可以被六组相互耦合的传感器测量[57-59]。此试验台的设计和搭建，可以更好地模拟太空中卫星的对接过程和情况。此试验台适用于结构不对称的飞行器模拟对接[60]，可调节温度变化，并且实现捕获、拉紧的动态全过程，其稳定性能较高[61-63]。

图 1-18　六自由度混合式综合仿真试验台

此外，针对不同的性能测试，美国研究的具有代表性的仿真对接试验台还有六自由度混合式飞行器与空间站的实时停靠航天仿真器[64]、欧洲航天局研制的近距离 12 自由度对接动力学仿真器以及日本研制的 ETS-7 交会对接试验台[65]等，如图 1-19 和图 1-20 所示。

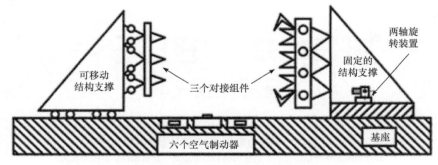

图 1-19　近距离 12 自由度对接动力学仿真器

图 1-20 ETS-7 交会对接试验台

除此之外，针对不同的任务要求、不同的对接机构及测试目的，许多国家的研究机构也对仿真对接试验台进行了不懈的探索和努力，研制出了各种类型的空间半物理仿真试验台[66]。例如，美国研制了曾用于"双子星座-阿金纳"对接模拟试验的空间对接仿真器[67](图 1-21)、六自由度飞行器与空间站的实时停靠仿真器[68]、激光雷达对接仿真器和六自由度接触动力学仿真器。德国研制了欧洲接近操作仿真器[69]，如图 1-22 所示，其运动范围较大，不仅可以模拟航天器的低速平缓运动，还可以模拟航天器的高速碰撞运动[70]。欧洲航天局研制了近距离 12 自由度对接动力学仿真器[71]。日本研制了 ETS-7 交会对接试验台[72]等。

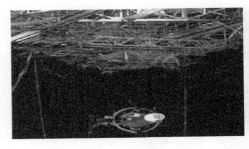

图 1-21 空间对接仿真器

图 1-22 欧洲接近操作仿真器

1.3.2 国内仿真对接试验台技术研究

近年来，虚拟样机技术在国内航天领域得到了广泛应用。中国空间技术研究院应用 ADAMS 软件及大型有限元分析软件对太阳能帆板柔性体建模，完成了太阳能帆板的动力学仿真，为航天器太阳能帆板设计提供了重要参考数据[73]。虚拟样机技术在航天器对接技术研究领域也得到了应用。上海宇航系统工程研究所针对异体同构周边式对接机构，应用 ADAMS 仿真分析软件对系统的缓冲阻尼特性进行数学仿真，定性分析了差动式机构中分布的所有缓冲器和阻尼器的分工及作用，把复杂缓冲阻尼系统的性能等效到捕获环的六个自由度上，分析系统在各个自由度方向上的刚度特性和阻尼特性，并为对接过程动力学仿真提供系统等效刚度系数和阻尼系数，通过试验证明了虚拟仿真结果基本正确。

我国从 1987 年才开展空间交会对接仿真技术的研究和探索，对空间交会对接仿真技术的研究还处于初级阶段。目前针对试验台的研制，国内比较有代表性的有哈尔滨工业大学包钢等研制的五自由度气浮仿真试验台、国防科技大学肖余之等研制的对接动力学试验台、篮球架式可移动多自由度交会对接仿真器[74-76]等，这些试验台设备简单，可以实现全过程交会对接半物理仿真。上海交通大学徐峰等在对接机构六自由度动力学等方面进行了大量的研究，包括对接机构运动学、对接过程的仿真等[77]。

哈尔滨工业大学气动技术研究中心研制了一套五自由度地面气浮仿真试验台，如图 1-23 所示。该试验台是国内第一代用于微小卫星地面仿真试验的多自由度气浮台，它利用平面及球面气浮轴承的作用，能够在地面模拟微小卫星的轨道及姿态运动[78-80]。该试验台由平动平台和姿态平台两部分组成。平动平台在 3 个平面轴承的作用下，能够在光滑大理石台面上近似无摩擦平移运动；地面上安置 1 套基于单目视觉的位置测量系统及 1 台高性能地面控制指令计算机，以对气浮仿真试验台的运动状态进行监控和发送指令[81-83]。

图 1-23　五自由度地面气浮仿真试验台

一般情况下，交会对接机构的构成大致分为机构模型、测控系统和具有多自由度的运动平台，通过每部分组成发挥的功用完成飞行器的对接，在此过程中应用了半物理仿真的理论方法[84]。哈尔滨工业大学在半物理仿真试验台方面有突破性研究[85-87]。图 1-24 为六自由度综合对接试验台。该试验台以 Stewart 平台为基础，以六个液压作动器为驱动，其液压作动器与运动平台和固定底座间均采用虎克铰连接；六个液压作动器可独立自由伸缩，以实现平台在空间的六自由度运动操作；其自由度的控制由对接试验台的机械结构部分来实现。当试验台进行对接试验操作时，会产生一定的惯性量和相应的振动[88]，导致对接机构姿态发生细微变化，后期的研究主要为实现多功能、提高试验台稳定性和完善可靠性分析[89-91]。

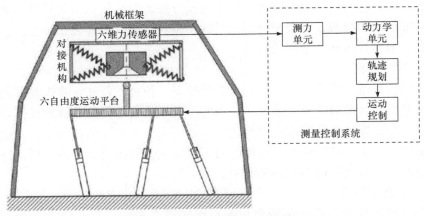

图 1-24　六自由度综合对接试验台

图 1-25 所示的对接机构综合试验台是我国研制的用于二期载人航天工程交会对接模拟试验的综合试验台[92-94]。该试验台主要由运动模拟器、语音系统等六个系统组成，在该试验台上不仅可以进行不同姿态的对接试验，同时还可以对对接机构进行常温和高温等不同环境下的对接动力试验[95-98]。

图 1-25　对接机构综合试验台

1.3.3　仿真对接试验台的建模与仿真方法研究

目前，对接试验台的建模比较常用的方法大致有以下两种：

(1) 首先利用软件进行运算求解，然后运用数学方法建立多体动力学模型；

(2) 首先建立对接试验台模型，利用专门的分析软件设置相应的参数，然后进行仿真分析。

采用上述两种方法都可以对复杂的机械系统建立多体动力学模型，分析机构位置、形状的参数变化和受力。传统建模方法普遍采用拉格朗日第二类方程建立系统动力学模型。一般情况下，对接试验台试验大致分为三种方法，即数学仿真、半物理仿真和全物理仿真。

1) 数学仿真

数学仿真由三部分构成，分别为数学模型、仿真软件和计算机及其附件。数学模型作为处理对象成为系统最基本的单元，仿真软件是能够处理基本单元的工具，而计算机及其附件是它们之间的依托。三者相互结合运用，才能实现数字化仿真分析。数学仿真不仅可以用于空间交会对接仿真试验分析，还可以用于空间交会对接(RVD)操作训练的仿真器分析。

2) 半物理仿真

半物理仿真利用数学模型和控制系统的硬件来确定姿态动力学和相对位置、传感器、航天器的推进器。根据 RVD 敏感器的性能与系统控制方式满足对接机构构型和动力学性能试验的需要。半物理仿真是目前应用较为广泛的仿真分析方法，适用性较强。

3) 全物理仿真

全物理仿真可以认为是真实系统的相似体或物理类比物，它们之间可以互为仿真试验模型。全物理仿真系统是专用实时仿真系统。与半物理仿真不同，全物理仿真中的数学仿真对实时情况和非实时情况都适用，能够真实模拟出所需要的试验情况。

以上三种仿真类型各有优势，在不同的时期有自身的发展历程。一般情况下，需要根据自身的试验条件和验证的对接机构，研制相应的仿真模拟试验台。各个国家对于些类型的仿真模拟试验台都有所涉猎，表 1-1 给出了一些国家交会对接仿真试验设备和仿真器的具体信息，由此可详细了解国外交会仿真试验台发展的具体情况。

表 1-1　国外典型交会对接仿真设备

设备名称	对接动力学试验设备(DDFT)	欧洲近距离操作仿真器(EPOS)	远距离操作和近距离评估设备(TOPEF)	日本交会对接仿真器
所在机关及位置	法国空间研究中心；法国图卢兹	联邦德国航空航天研究试验院；德国慕尼黑	美国马歇尔空间飞行中心；美国得克萨斯州	日本 NASDA 筑波空间中心；日本东京
时间	20 世纪 80 年代后期	20 世纪 80 年代后期	1984 年	1994 年

续表

设备名称	对接动力学试验设备(DDFT)	欧洲近距离操作仿真器(EPOS)	远距离操作和近距离评估设备(TOPEF)	日本交会对接仿真器
仿真器运动自由度	位置和姿态：6 位移：1 合计：7	位置和姿态：6 位移：3 合计：9	位置和姿态：3 位移：3 合计：6	位置和姿态：8 位移：1 合计：9
负载	几十千克	150kg	180kg	70kg
运动范围	5m × 0.15m × 0.15m; 5° × 5° × 5°	12m × 3m × 2m; 360° × 360° × 360°	13.4m × 26.2m	7m × 2.4m × 2m; 10° × 40° × 40°
精度	1mm; 0.01°	0.1mm; 0.05°	0.05mm; 0.03°	1mm(<0.5m); 2mm(0.5～7m); 0.12°
目的	对接过程; 对接机构	近距离半物理仿真，但无法仿真对接机构运动	近距离半物理仿真	近距离半物理仿真; 对接机构运动仿真

综上所述，试验台类型和应用方法不同，应该通过对比各种应用理论来选择试验台。

1.4 本书主要内容

本书包括绪论、新型空间小型卫星对接机构结构设计与对接过程、收-拉三爪式对接机构对接过程建模与位姿分析、收-拉三爪式对接机构对接过程仿真与动力学特性分析、收-拉三爪式对接机构的关键部件有限元分析与优化设计、六自由度仿真试验台结构设计与工作原理、六自由度仿真试验台动力学特性与机构稳定性分析、六自由度仿真试验台控制系统方案设计、对接机构及其仿真试验台物理样机试验共 9 章内容，分别从小型卫星自主对接技术的发展趋势、对接机构和仿真试验台的研究现状、三种新型对接机构的结构设计与对接过程及其方案对比、收-拉三爪式对接机构姿态动力学建模与分析、对接过程动力学特性分析与结构优化、仿真试验台运动模拟器坐标系及动力学模型建立、试验台数值仿真结果与对接过程位姿误差分析、新型复合式试验台机构静动态稳定性与关键部件结构可靠性分析、六自由度仿真试验台控制系统原理及其方案设计、收-拉三爪式对接机构及六自由度仿真试验台物理样机测试方法与试验分析等多方面进行研究，可为广大读者深入学习小型卫星空间捕获对接技术提供帮助。

参 考 文 献

[1] Motaghedi P. On-orbit performance of the orbital express capture system[C]. SPIE Defense and Security Symposium, Orlando, 2008: 100-111.

[2] 于洋涛. 基于虚拟样机的小型通用快速自主对接机构研究[D]. 哈尔滨: 哈尔滨理工大学, 2006.

[3] 范长珍. 复合姿态对接试验台构型优化及关键部件可靠性分析[D]. 哈尔滨: 哈尔滨理工大学, 2017.

[4] Motaghedi P, Stamm S. 6 DOF testing of the orbital express capture system[C]. SPIE Defense and Security Symposium, Orlando, 2005: 66-81.

[5] 张元. 空间对接机构及六自由度仿真试验台研究[D]. 哈尔滨: 哈尔滨理工大学, 2017.

[6] 张崇峰, 柏合民. 飞船空间对接机构技术[J]. 中国科学(技术科学), 2014, 44(1): 20-26.

[7] 博引. 空间交会对接技术的发展[J]. 国际太空, 2011, (10): 22-29.

[8] 庞征. 空间交会对接技术概览[J]. 国际太空, 2011, (9): 1-11.

[9] 张崇峰, 刘志. 空间对接机构技术综述[J]. 上海航天, 2016, 33(5): 1-11.

[10] 张万周. 苏联载人航天器的对接机构[J]. 中国航天, 1994, (10): 17-20.

[11] 王盈盈. 小型卫星机械臂末端执行器抓接机构设计及仿真分析[D]. 哈尔滨: 哈尔滨理工大学, 2014.

[12] 王健. 在轨对接平台新型抓持机构设计与动力学仿真分析[D]. 哈尔滨: 哈尔滨理工大学, 2014.

[13] Teng Y Q, Chen C, Yuan M. Research of suspension kinematics based on virtual prototyping technology[J]. Applied Mechanics and Materials, 2013, 365-366: 490-493.

[14] 戴野. 小型通用自主对接机构设计及试验研究[D]. 哈尔滨: 哈尔滨理工大学, 2006.

[15] Saleh J H, Lamassoure E, Hastings D E. Space systems flexibility provided by on-orbit servicing: Part 1[J]. Journal of Spacecraft and Rockets, 2002, 39(4): 551-560.

[16] 周建平. 载人航天交会对接技术[J]. 载人航天, 2011, 17(2): 1-8.

[17] 黄奕勇, 李强, 陈小前, 等. 自主在轨服务航天器空间对接过程建模与仿真[J]. 计算机仿真, 2011, 28(10): 57-58.

[18] 鹿秋晨, 邵晓巍, 段登平. 碰撞触发式非合作目标对接捕获机构设计[J]. 上海航天, 2013, 30(2): 7-12.

[19] Bhatia A, Goehner K, Sand J, et al. Sensor and computing resource management for a small satellite[C]. Institute of Electrical and Electronics Engineers Aerospace Conference, Big Sky, 2013: 1-8.

[20] 林平. 日本工程试验卫星 7 的空间自动交会对接试验[J]. 中国航天, 1997, (1): 29-32.

[21] 王华. 交会对接的控制与轨迹安全[D]. 长沙: 国防科学技术大学, 2007.

[22] 徐颖, 邵晓巍, 陈吉安, 等. 面向智能微纳星站的锥-杆型对接机构设计[J]. 上海航天, 2009, 26(1): 43-47.

[23] 于文鹏, 王巍, 宗光华, 等. 抓持式对接机构的设计及分析[J]. 机器人, 2010, 32(2): 233-240.

[24] 庞统. 首枚 H-2B 火箭发射首艘 HTV 货运飞船: 日本迎来航天运输新时代[J]. 太空探索, 2009, (11): 20-24.

[25] 朱仁璋, 王鸿芳, 徐宇杰, 等. 从 ETS-Ⅶ 到 HTV: 日本交会对接/停靠技术研究[J]. 航天器工程, 2011, 20(4): 6-31.

[26] 刘传世. 空间非合作目标对接机构的研究[D]. 哈尔滨: 哈尔滨工业大学, 2010.

[27] 张艳丽, 杨惠欣, 李树军. 航天器在轨可更换模块机构与结构设计[J]. 沈阳航空航天大学学报, 2014, 31(5): 72-76.

[28] 时军委, 徐峰, 胡雪平, 等. 对接机构动力学仿真[J]. 上海航天, 2011, 28(6): 17-22.

[29] 丰飞. 非合作目标欠驱动对接捕获机构的设计与研究[D]. 哈尔滨: 哈尔滨工业大学, 2008.

[30] 韩伟, 黄奕勇, 张翔, 等. 柔性锥-杆式对接机构碰撞过程仿真研究[J]. 上海航天, 2012, 29(3): 49-53.

[31] 张俊华, 杨根, 徐青. 微小卫星的现状及其在空间攻防中的应用[J]. 航天电子对抗, 2008, 24(4): 14-17.

[32] 周丽丽. 新型捕获对接机构仿真分析与试验研究[D]. 哈尔滨: 哈尔滨理工大学, 2015.

[33] 蔡洪亮, 高永明, 邴启军, 等. 国外空间非合作目标抓捕系统研究现状与关键技术分析[J]. 装备指挥技术学院学报, 2010, 21(6): 71-77.

[34] 王巍, 张厚祥, 邓志诚, 等. 基于串并联机构的自重构移动机器人[J]. 机械工程学报, 2008, 44(5): 92-101.

[35] 贾杰, 罗小娜, 曹姣. 空间碎片捕获过程动力学建模综述[J]. 航天器环境工程, 2013, 30(1): 8-13.

[36] 曹登庆, 初世明, 李郑发, 等. 空间可展机构非光滑力学模型和动力学研究[J]. 力学学报, 2013, 45(1): 3-15.

[37] 杜昊, 朱映远, 刘宏. 大容差空间合作目标捕获对接装置设计的研究[J]. 机械设计与制造, 2013, (2): 12-15.

[38] 梁斌, 徐文福, 李成, 等. 地球静止轨道在轨服务技术研究现状与发展趋势[J]. 宇航学报, 2010, 31(1): 1-13.

[39] 马帅, 冯欣, 孔宁, 等. 空间交会对接机构综述及发展展望[J]. 火箭推进, 2022, 48(3): 1-15.

[40] 曹芊. 在轨杆锥式替换单元三维碰撞动力学行为研究[D]. 哈尔滨: 哈尔滨工业大学, 2021.

[41] 马聪. 在轨更换模块组件设计及动力学分析[D]. 哈尔滨: 哈尔滨工业大学, 2014.

[42] 张新邦, 刘良栋, 刘慎钊. 航天器交会仿真试验的运动模拟器[J]. 空间控制技术与应用, 2009, 35(2): 141-146.

[43] 石磊, 张新邦, 万磊, 等. 人控交会对接九自由度半物理仿真试验系统设计及验证[J]. 空间控制技术与应用, 2013, 39(4): 38-43.

[44] 张崇峰, 覃黎洋. 空间对接与空间站[J]. 科学, 2012, 64(1): 4-7.

[45] 郭继峰, 王平, 崔乃刚. 大型空间结构在轨装配技术的发展[J]. 导弹与航天运载技术, 2008, (3): 39-42.

[46] Nakasuka S, Fujiwara T. New method of capturing tumbling object in space and its control aspects[C]. Institute of Electrical and Electronics Engineers International Conference on Control Applications, Hawaii, 1999: 973-978.

[47] Reynerson C M. Spacecraft modular architecture design for on-orbit servicing[C]. Institute of Electrical and Electronics Engineers Aerospace Conference, Big Sky, 2000: 227-238.

[48] 林来兴. 美国"轨道快车"计划中的自主空间交会对接技术[J]. 国际太空, 2005, (2): 23-27.

[49] Zhang Y, Wang Y Y, Song Y, et al. Kinematics analysis and simulation of small satellite docking mechanism end executor[J]. Applied Mechanics and Materials, 2014, 487: 460-464.

[50] 代树武, 孙辉先. 航天器自主运行技术的进展[J]. 宇航学报, 2003, 24(1): 17-22.

[51] Landzettel K, Albu-Schäffer A, Brunner B, et al. ROKVISS verification of advanced light weight robotic joints and tele-presence concepts for future space missions[C]. Institute of Electrical and Electronics Engineers International Conference on Robotics and Automation, Pasadena, 2008: 1-8.

[52] Hirzinger G, Landzettel K, Brunner B, et al. DLR's robotics technologies for on-orbit servicing[J]. Advanced Robotics, 2004, 18(2): 139-174.

[53] 赵明军. 小型卫星对接机构地面六自由度试验台关键技术研究[D]. 哈尔滨: 哈尔滨理工大学, 2011.

[54] 赵阳, 王萍萍, 田浩, 等. 考虑惯性特性的对接机构缓冲系统特性研究[J]. 哈尔滨工业大学学报, 2004, 36(1): 1-3.

[55] 肖余之, 邹怀武, 徐峰. 对接动力学试验台的建模与仿真研究[J]. 宇航学报, 2010, 31(3): 674-680.

[56] 田浩, 赵阳, 张大伟. 对接机构综合试验台运动模拟器建模分析[J]. 宇航学报, 2007, 28(4): 996-1001.

[57] 刘小初. 六自由度运动模拟器结构参数分析设计[D]. 哈尔滨: 哈尔滨工业大学, 2006.

[58] 徐文福. 空间机器人目标捕获的路径规划与实验研究[D]. 哈尔滨: 哈尔滨工业大学, 2007.

[59] Moynahan S A, Touhy S. Development of a modular on-orbit serviceable satellite architecture[C]. The 20th Digital Avionics Systems Conference, Daytona Beach, 2002: 1-12.

[60] 楼勇军, 周海燕, 贾叔仕. 用于皮卫星仿真试验的微阻尼试验平台的研制[J]. 机床与液压, 2006, 34(10): 8-11.

[61] 蒋梦捷, 张志宇, 郑立功, 等. 六自由度 Stewart 平台空间解析及误差分析[J]. 机械传动, 2013, 37(2): 87-89, 93.

[62] Inaba N, Oda M. Autonomous satellite capture by a space robot: World first on-orbit experiment on a Japanese robot satellite ETS-Ⅶ[C]. Institute of Electrical and Electronics Engineers International Conference on Robotics and Automation, San Francisco, 2002: 1169-1174.

[63] Dai Y, Xang C F, Lui Z X, et al. Modular robotic design and reconfiguring path planning[J]. Applied Sciences, 2022, 12(2): 723.

[64] 胡芝娟, 陆继东, 王世杰, 等. 高温气固悬浮试验台动态特性的研究[J]. 华中科技大学学报(自然科学版), 2004, 32(6): 90-92.

[65] 张丽媛. 复合对接试验台的构型设计及稳定性分析[D]. 哈尔滨: 哈尔滨理工大学, 2016.

[66] Everist J, Mogharei K, Suri H, et al. A system for in-space assembly[C]. IEEE/RSJ International Conference on Intelligent Robots and Systems, Sendai, 2004: 2356-2361.

[67] Whelan D A, Adler E A, Wilson S B, et al. DARPA orbital express program: Effecting a revolution in space-based systems[J]. The International Society for Optical Engineering, 2009, 4136(1): 48-56.

[68] Zhang Y, Shao J P, Zhang L Y, et al. Analysis on modeling and motion simulation based on manipulator end executor of small satellite during the grasping process[J]. International Journal of Smart Home, 2015, 9(10): 125-132.

[69] 林琪, 来嘉哲. 空间交会对接仿真技术研究[J]. 装备指挥技术学院学报, 2008, (5): 53-57.

[70] Hannukka I L. An alternative concept of docking for the ConeXpress satellite[D]. Lulea: Lulea University of Technology, 2006.

[71] Lai Y N, Dai Y, Tian H, et al. Design of an automatic autonomous mini prone-cone microsatellite docking mechanism[J]. Chinese Journal of Mechanical Engineering, 2010, 23(3): 353-360.

[72] Ouyang X B, Li K T, Xia H J, et al. The parallel mechanism and variable acceleration control method[J]. Key Engineering Materials, 2013, 579-580: 659-664.

[73] 马毅. 航天器展开机构虚拟样机动力学仿真研究[D]. 北京: 中国科学院空间科学与应用研究中心, 2006.

[74] Chen X Q, Yan J P, Yao W, et al. The on-orbit Servicing Technology for Spacecraft[M]. Beijing: Astronautic Publishing House, 2009.

[75] Debus T, Dougherty S. Overview and performance of the front-end robotics enabling near-term demonstration (FREND) robotic arm[C]. American Institute of Aeronautics and Astronautics Infotech@Aerospace Conference, Seattle, 2009: 1870.

[76] Xu W, Liang B, Li C, et al. Autonomous rendezvous and robotic capturing of non-cooperative target in space[J]. Robotica, 2010, 28(5): 705-718.

[77] Xu C, Wang X. Efficient numerical method for dynamic analysis of flexible rod hit by rigid ball[J]. Transactions of Nanjing University of Aeronautics and Astronautics, 2012, 29(4): 338-344.

[78] Shi J W. Study on 6-DOF simulator dynamics for half-physical synthetic docking simulation precision[D]. Shanghai: Shanghai Jiao Tong University, 2012.

[79] 孙施浩, 赵林, 贾英民. 空间合作目标运动再现的相似设计方法研究[J]. 宇航学报, 2014, 35(7): 802-810.

[80] 李双全, 杜亚娟, 刘凌锋. 空间对接仿真试验台对接机构测控系统设计[J]. 计算机工程, 2017, 43(6): 24-29.

[81] 许剑, 任迪, 杨庆俊, 等. 五自由度气浮仿真试验台的动力学建模[J]. 宇航学报, 2010, 31(1): 60-64.

[82] 许剑, 杨庆俊, 包钢, 等. 多自由度气浮仿真试验台的研究与发展[J]. 航天控制, 2009, 27(6): 96-101.

[83] 孙丽丽. 立式对接测试平台的分析设计与试验研究[D]. 哈尔滨: 哈尔滨理工大学, 2014.

[84] 张元, 孙丽丽, 胡乃文, 等. 小型卫星立式对接测试平台的动力学分析[J]. 哈尔滨理工大学学报, 2014, 19(2): 6-11.

[85] Janin J. Protein-protein docking tested in blind predictions: The CAPRI experiment[J]. Molecular BioSystems, 2010, 6(12): 2351-2362.

[86] Truszkowski W F, Hinchey M G, Rash J L, et al. Autonomous and autonomic systems: A paradigm for future space exploration missions[J]. IEEE Transactions on Systems, Man, and

Cybernetics, Part C, Applications and Reviews, 2006, 36(3): 279-291.

[87] Braccesi C, Landi L. A general elastic-plastic approach to impact analisys for stress state limit evaluation in ball screw bearings return system[J]. International Journal of Impact Engineering, 2007, 34(7): 1272-1285.

[88] 张元, 孙丽丽, 王健, 等. 新型六自由度运动模拟器及其性能测试[J]. 哈尔滨理工大学学报, 2014, 19(4): 38-43.

[89] 常同立, 丛大成, 叶正茂, 等. 空间对接动力学半物理仿真基本问题及解决方案研究[J]. 宇航学报, 2008, 29(1): 53-58.

[90] 黄艳华. 微小卫星地面综合测试系统的设计与实现[D]. 长春: 吉林大学, 2007.

[91] 于利喜. 三自由度气浮仿真试验系统设计与实现[D]. 哈尔滨: 哈尔滨工业大学, 2013.

[92] 张壮. 空间对接半物理仿真平台研究[D]. 上海: 上海交通大学, 2014.

[93] 金福伟. 对接机构综合试验台系统分析与实验研究[D]. 哈尔滨: 哈尔滨工业大学, 2006.

[94] 徐峰, 唐乾刚, 王丽再. 对接机构六自由度试验台半物理仿真试验原理[J]. 载人航天, 2007, 13(1): 24-28.

[95] 孙鹏. 空间飞行器对接机构分离的动力学仿真研究[D]. 南京: 南京航空航天大学, 2009.

[96] 张华, 肖余之. 空间对接机构在轨连接分离动力学仿真研究[J]. 系统仿真学报, 2014, 26(4): 954-958.

[97] 徐敏, 聂宏, 陈金宝, 等. 空间弱撞击对接机构对接过程运动学分析[J]. 机械设计与制造工程, 2014, 43(1): 5-9.

[98] 杨武, 蒋梁中. 采用牛顿-欧拉法的排爆机器人机械手动力学分析[J]. 现代制造工程, 2010, (6): 140-143.

第 2 章　新型空间小型卫星对接机构
结构设计与对接过程

2.1　锥-杆定位式对接机构的结构设计与对接过程

2.1.1　整机结构方案设计

　　锥-杆定位式对接机构方案参考了苏联用于载人航天器的杆-锥式对接机构，其由被动对接机构和主动对接机构两个部分构成，如图 2-1 所示。被动对接机构和主动对接机构分别安装于被动飞行器和主动捕获飞行器上，通过星上导航系统和姿态轨道控制系统的辅助作用，实现对接过程中的速度缓冲、初始偏差补偿、目标捕获、拉紧校正、安全锁定和两星分离等功能，帮助完成飞行器在轨自主对接。

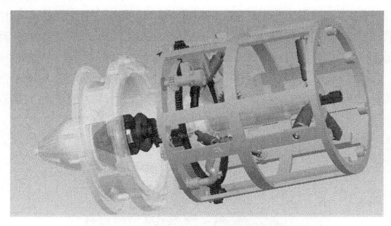

图 2-1　锥-杆式对接机构虚拟样机模型图

2.1.2　被动对接机构结构设计

　　被动对接机构安装于被动飞行器上，在整个对接过程中，起到触发、引导、连接作用，并与主动对接机构的上位锁共同起到上锁作用。整个被动对接机构由撞针、目标器内锥体、导向锥体、目标器架体、压环等构成，其结构如图 2-2

所示。根据功用，被动对接机构可划分为三部分，即触发单元、校正单元和连接单元。

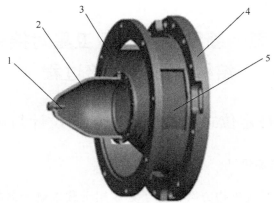

图 2-2　被动对接机构三维结构

1-撞针；2-目标器内锥体；3-目标器架体；4-压环；5-导向锥体

1. 触发单元

被动对接机构触发单元结构如图 2-3 所示，被动对接机构触发单元可起到引导探体帽进入指定位置的作用。引导探体帽进入指定位置，与撞轴撞击，以实现拉杆的伸出与收回。撞针直接与撞轴撞击，因此对撞针强度、韧性、疲劳强度要求较高。借鉴已有航天器的制造经验，撞针材料选用钛合金，其结构如图 2-4 所示。螺母将撞针固定在目标器内锥体上，根据强度、韧性、疲劳强度等要求，其材料选用合金钢。目标器内锥体起到引导探体帽进入指定范围的作用，与探体帽发生碰撞时的碰撞力不会很大，根据锥体功用特点，其材料选用铝合金。

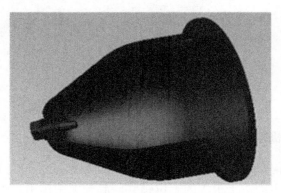

图 2-3　被动对接机构触发单元结构

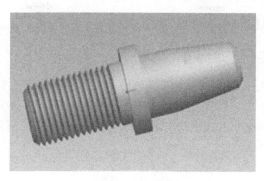

图 2-4　撞针结构

2. 校正单元

被动体机构校正单元，即导向锥体，是被动体上的重要部件，它连接着目标器内锥体和目标器架体，更重要的是在对接撞击时，它将承受探体帽的撞击并引导其滑进目标器内锥体中。导向锥体的材料借鉴航天器的经验，选用钛合金，钛合金具有密度小、比强度和断裂韧性高、疲劳强度和抗裂纹扩展能力好、低温韧性良好等优点，能满足尺寸较大、重量轻且强度较高的要求。导向锥体结构如图 2-5 所示。

3. 连接单元

被动对接机构连接单元结构如图 2-6 所示，被动对接机构连接单元可起到与被动对接卫星的连接并参与上锁的作用。被动对接机构通过目标器架体安装于被动对接卫星上，其中目标器架体起到连接作用。根据目标器架体的功用特点，其材料选用铝合金。压环与上位锁共同作用以完成上锁，起到固定主动卫星和被动卫星相对位置的作用。根据压环功用特点，其材料选用合金钢。

图 2-5　导向锥体结构

图 2-6　被动对接机构连接单元结构

2.1.3 主动对接机构结构设计及对接过程

1. 主动对接机构

主动对接机构主要包括探体帽 7，拉杆 8，定位架 9，锁定单元 10、11、17，阻尼缓冲机构 12、14，丝杆驱动机构 13，伸缩杆驱动机构 15，蜗轮/杆锁驱动单元 16，电器电液相关接口 18 和撞轴 19，如图 2-7 所示。

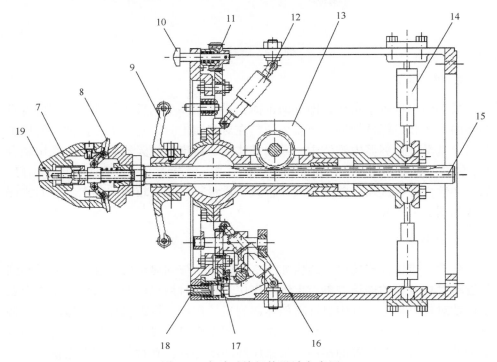

图 2-7　主动对接机构设计方案图

7-探体帽；8-拉杆；9-定位架；10、11、17-锁定单元；12、14-阻尼缓冲机构；13-丝杆驱动机构；
15-伸缩杆驱动机构；16-蜗轮/杆锁驱动单元；18-电器电液相关接口；19-撞轴

与主动对接机构对接的被动对接机构的设计方案如图 2-8 所示，该被动对接机构包括撞针 1、目标器内锥体 2、安装接口单元 3、锁单元 4、导向锥体 5 和电器电液接口 6。

2. 主被动对接机构对接过程

主动飞行器与被动飞行器在轨完成自主交会过程，主动飞行器和目标飞行器满足对接捕获约束条件，进入对接段，由导航系统判断对接系统是否开始工作，在对接过程中，被动对接机构只进行必要的姿态稳定控制，不进行与对接有关的主动控制。整个对接过程分三部分完成，即捕获、正位、锁定。

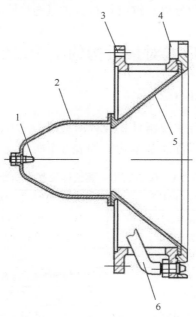

图 2-8　被动对接机构设计方案图

1-撞针；2-目标器内锥体；3-安装接口单元；4-锁单元；5-导向锥体；6-电器电液接口

在交会阶段，主动飞行器和目标飞行器在各自轨道上独立运行，至交会阶段结束，主动飞行器触发丝杆驱动机构 13，伸缩杆驱动机构 15 完全伸出，此状态下拉杆 8 未动作处于初始位置，在导航及控制系统的协助下，两飞行器完成交会进入对接阶段。此时，主动飞行器继续以一定的相对线速度和角速度接近目标飞行器，在满足初始对接要求条件下，主动飞行器上的捕获头将进入被动飞行器目标器内锥体的范围内，并与之柔性撞击，根据各机构的动力学特性和参数设置，撞击后的捕获头将沿着滑面滑入捕获头目标器内锥体 2 内。主动飞行器相对被动飞行器继续前进，使被动飞行器上的撞针触发拉杆弹出，限制主被动飞行器的分离，完成捕获[1-5]。

成功捕获信号发出后，星上控制系统将启动丝杆驱动机构 13 带动伸缩杆驱动机构 15 回位，拉近主动飞行器和被动飞行器。在拉近过程中，定位架 9 帮助消除俯仰角及偏航姿态角偏差，而与锁结构配合的定位销结构完成最后滚转方向的精确定位，两飞行器将信号完全发出后，锁定单元 10、11、17 动作将两飞行器锁定固连。

对接任务完成后，丝杆驱动机构 13 首先驱动丝杆动作收回拉杆，然后锁驱动电机动作将锁复位开启，此时主被动对接飞行器间没有连接，通过姿态轨道控制系统控制各飞行器的分离，继续执行其他任务[6-12]。

2.2　拉-收三爪式对接机构的结构设计与对接过程

2.2.1　整机结构方案设计

整机结构方案中，各主要组件在设计时应充分考虑机构整体性能参数及结构要求，整机结构主要组件及基本功能如表 2-1 所示。

表 2-1　整机结构主要组件及基本功能

名称	主要组件	基本功能
主动对接机构	支架体	连接主动部分的上、下平台
	螺纹升降盘	传递动力，控制锁爪开合
	锁爪	完成校姿及捕获任务
	导向杆	确保螺纹升降盘只进行上下的直线运动
	步进电机	作为机构的动力源
被动对接机构	V 型导向板	实现导向和连接功能
	缓冲定位销	实现缓冲及定位的功能
	圆柱套筒	连接被动部分的上、下平台

拉-收三爪式对接机构方案如图 2-9 所示，其中被动部分主要由上下两盘、套筒及六块尺寸结构相同的 V 型导向板构成，安装于待捕获航天器上。主动部

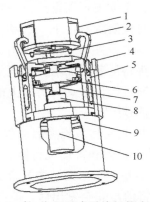

图 2-9　拉-收三爪式对接机构方案图

1-被动部分；2-锁爪；3-缓冲定位销；4-围板；5-支架；6-螺纹升降盘；7-丝杠；8-轴承及轴承座；
9-电机防护壳体；10-步进电机

分的结构为：上、下两盘之间由三个支架体固定连接，各个支架体之间铰接一个滑块，滑块内滑道的界面结构为矩形，与之相配合的三个锁爪的截面形状均为矩形，并且将锁爪安装于滑块内，锁爪可在滑块内自由滑动。三个锁爪的底部与螺纹升降盘的三个伸出端相互用销轴铰接。导向杆连接于上、下盘之间，并穿过螺纹升降盘，进行定位的同时起到了导向作用。作为动力的传输机构，螺杆定位由两端轴承来支撑，螺杆的下端伸出端与步进电机连接，以实现动力传输。

2.2.2 主要部件的结构设计

1. 缓冲机构的设计

对于拉-收三爪式对接机构方案中的缓冲件，采用弹簧挠性件进行缓冲，压缩弹簧作为缓冲组件中的核心部件，在受到冲击载荷作用时，将两撞击部件之间所具有的动能转化为本身的弹性势能并加以储存，实现缓冲速度及力的冲击作用。弹簧缓冲器一般由缓冲橡胶、缓冲座、弹簧、弹簧座等组成。在大多数情况下，弹簧缓冲器成对或成组使用，另外，弹簧的选择也需要根据具体的使用要求和场合而定。弹簧缓冲器在使用时具有固定的工作行程，只有在合理的行程范围内才能发挥最大的功效。

缓冲机构在设计时需要考虑两方面的功能：①在对接过程中应起到缓冲的作用；②应起到代替定位销定位的作用，能够同时实现缓冲与定位两方面的功能。缓冲功能主要依靠机构中的压缩弹簧来实现，定位功能主要依靠伸缩销来实现，伸缩销在弹簧及定位孔之间的相互作用下实现定位。

1) 缓冲机构的构型设计

航天器在对接过程中所产生的缓冲力会对飞行器产生很大的影响，会对航天器上的某类薄弱的结构(如太阳能帆板)产生较为严重的冲击，甚至发生破坏[13-16]。因此，不同的飞行器根据各自的系统特点，针对对接过程中的缓冲力提出了限制要求。本书在对接机构设计使用要求中尚未提到缓冲力的具体要求，所以在设计时参照以下方法进行[17-21]，有关弹簧参数的计算公式如下。

(1) 缓冲件吸收能量 E：

$$E = \frac{1}{2}ML^2 \tag{2-1}$$

式中，M 为弹簧的刚度；L 为缓冲行程，即弹簧的压缩量。

缓冲机构的缓冲距离可根据机构中调节后端盖的位置进行调节，在设计时，一般会考虑将行程尽可能加大，使其达到缓冲极限，从而缓冲更加平稳，性能更加优良。

(2) 最大缓冲工作载荷 F_{max}：

$$F_{max} = 3F = 3KS = \frac{6W}{S} \tag{2-2}$$

式中，F 为单个弹簧受力；K 为弹簧刚度；S 为弹簧伸长量；W 为弹簧输出功率。

对接机构缓冲件采用三个结构参数相同的缓冲件，因此最大载荷为单个弹簧受力的 3 倍。

(3) 缓冲弹簧丝直径 d：

$$d \geqslant 1.6\sqrt{\frac{F_{max}ki}{[\tau]}} \tag{2-3}$$

式中，i 为弹簧绕线比，$i = \dfrac{D}{d}$，一般取 $i=5$；k 为曲度系数，$k = \dfrac{4C-1}{4C-4} + \dfrac{0.615}{C}$，$C$ 为常数；$[\tau]$ 为许用剪应力。

(4) 缓冲弹簧中径 D：

$$D = id \tag{2-4}$$

(5) 缓冲弹簧有效圈数 n：

$$n = \frac{Gd^4}{8KD^3} \tag{2-5}$$

式中，G 为弹簧钢丝剪切弹性模量，N/mm^2；K 为弹簧刚度；d 为缓冲弹簧丝直径；D 为弹簧中径。

需要注意的是，所得结果应圆整为整数。

(6) 缓冲弹簧其他参数计算。

弹簧间距 δ：

$$\delta = \frac{S}{n} \tag{2-6}$$

弹簧节距 p：

$$p = \delta + d \tag{2-7}$$

弹簧自由高度 H_0(两端磨平)：

$$H_0 = pn + 1.5d \tag{2-8}$$

2) 缓冲件结构设计

根据缓冲原理及设计分析，对缓冲组件进行结构设计，缓冲组件包括压缩弹簧、伸缩销、套筒以及螺纹端盖。图 2-10 为缓冲组件示意图，由整体对接机构的设计方案可知，该缓冲组件应安装于被动部分的下平台上，以防止出现机构运动的干涉，若将其安装在主动机构上，则螺纹升降盘在运动过程中会出现相互干涉，因此只需在主动机构平台上开设与之配合的定位孔即可，以实现缓冲定位功能。

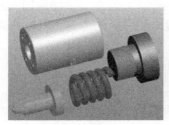
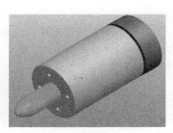

(a) 爆炸图　　　　　　　　　　　　(b) 装配图

图 2-10　缓冲组件示意图

缓冲组件安装于被动部分的下平台上，缓冲组件的套筒底面是带有内螺纹的开口，与之对应的顶面开有伸缩销配合孔以及四个螺纹孔，通过这四个螺纹孔与被动部分的下平台连接。另外，还可以通过旋转螺纹端盖来调节弹簧的预紧力，即调节弹簧缓冲组件的初始力，可根据不同的工况进行调节，以满足不同工况的使用要求。图 2-11 为装有缓冲组件的被动部分模型图，包括总体视图和局部视图。

(a) 总体视图　　　　　　　　　　　(b) 局部视图

图 2-11　装有缓冲组件的被动部分模型图

3) 缓冲组件工作过程分析

对于航天对接机构，缓冲系统在交会对接过程中有两种工作状态，即捕获时的缓冲和对接。在缓冲阶段，主动机构和被动机构固连在不同航天器上，因此各捕获机构按六自由度逐渐靠近，最后接近捕获在一起，实现交会对接。主动机构应能实现任意方向上的线性缓冲和角度位移。在拉-收三爪式对接机构中，三个锁爪在抓取捕获被动机构时，依靠锁爪与 V 型导向槽来实现自由度的限制，因此在设计缓冲件时也应考虑到这一点，由缓冲伸缩销实现线性的缓冲，而角度的位移由锁爪指端的挠性销来实现。

缓冲机构的工作过程如下：当被动对接部分进入三个锁爪的捕获包络范围内时，锁爪收拢抓取被动部分，同时将被动部分调姿并拉近，在这一过程中，随着主被动部分之间的距离减小，缓冲销接触到主动部分的接触面被压缩，缓冲开始后，随着三个锁爪在 V 型导向槽的收拢而导向，缓冲的同时进行定位销孔的匹配，当完全拉近并锁紧时，定位缓冲销完全进入定位孔，缓冲结束。

2. 对接机构接口设计

在航天任务中，对接任务的最终目的是进行能量和物质的传送，对接成功后，通过各自的电接口及气/液接口实现物质能量的传递，因此对接机构的接口设计尤为重要。在航天对接技术发展极为成熟的今天，可以将在轨服务的对接机构进行模块化分析，接口类型可以分为机械接口、电源接口、数据接口和气/液接口等四种[22-25]。下面分别介绍这些接口的功能。

1) 机械接口

机械接口是指机械各零部件之间的连接界面。对于航天器对接机构，其机械接口主要指的是主被动部分接触部件的接口，主要功能是连接固定、释放分离，以及承受载荷。本书所涉及的机械接口为主被动部分之间平台的接口，在对接成功后，主动部分的上平台与被动部分的下平台进行连接，以实现机械接口的对接。图 2-12 为机械接口示意图。

2) 电源接口

电源接口是传递电源能量的重要媒介，作用是将能量从主动航天器传递给待服务航天器，以进行能量的传递。在设计电源接口时，电路必须进行匹配设计，包括阻抗大小、绝缘性能以及屏蔽保护等。为保证电路稳定运行，在设计时应考虑到高频信号的损失和太空干扰，确保高可靠性。常用的航天对接电接口为航天对接插头的形式，安装在主动部分的上平台及被动部分的下平台处。航天对接机构成功抓接以后，电源接口接通，实现电源的能量传递。本书涉及的对接机构的电源接口有两种定义：一种是对接机构两部分对接成功后用触发电源开关来反映对接成功的电源接口；另一种是传输电能的接口。航天飞行器常用的电源接口形式如图 2-13 所示。

图 2-12　机械接口示意图

图 2-13　航天飞行器常用的电源接口形式

3) 数据接口

在航天器整个数据系统中，庞大的数据信息需要进行传递以及分析运算，太空中航天器的数据信息极为重要，因此实时获取信息是确保航天器稳定运行的重要依据。在数据接口设计过程中，需要考虑所有的影响因素，以确保各模块能够进行快速、畅通、安全、可靠的数据交换。

4) 气/液接口

在航天器完成交会对接之后，最主要的任务就是完成飞行器之间的能源传递，包括输送气体和液体燃料，以保证服务航天器有足够的能源支持。在输送气/液的过程中，接口密封性良好是根本保证，密封性的好坏直接影响航天任务的执行情况，本书所涉及的对接机构本身并没有涉及气/液接口的部分，需要在对接成功后，采用辅助机械臂来实现气液的传输。辅助机械臂已经在航天器的交会对接中得到了广泛应用。

2.2.3　主被动机构对接过程

对接机构对接前后示意图如图 2-14 所示。对接前，对接机构主动部分中的螺纹升降盘处于最高位置，三个锁爪向外张开(弧度最大)。当主动部分逐渐靠近被动部分，被动部分头部的触发器压触到主动部分头部的压力开关时，信号传入主动机构的控制器(图中未给出)中，由控制器发出启动步进电机指令，从而启动螺纹杆正转，迫使螺纹升降盘下移，带动三个锁爪同时下移并逐渐合拢，锁爪经过被动部分的三个 V 型槽的导向作用，逐渐抓紧被动部分并调整姿态偏差，使两部分逐渐合体，并通过三个缓冲定位销的缓冲与定位，达到最终的连接锁定。上述操作反向进行则可完成连接机构的分离过程[26,27]。

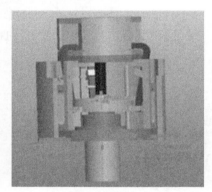

(a) 对接前　　　　　　　　　　　　　　(b) 对接后

图 2-14　对接机构对接前后示意图

2.3　收-拉三爪式对接机构的结构设计与对接过程

2.3.1　整机结构方案设计

收-拉三爪式对接机构方案如图 2-15 所示。末端执行器对接机构的主动部分主要采用铰链式三爪机构，锁爪呈 120°均匀分布，其中三个支撑梁(连接梁)均匀分布在主动上、下两盘之间，起固定与连接作用。每个锁爪上都有滑槽，上位螺纹升降盘 15 的三个伸出端上有销轴穿过锁爪，两者通过相对滑动使锁爪完成张开、合拢的动作。三个锁爪的下端与拉盘的三个伸出端用销轴分别铰接。导向杆 13 分别穿过上位螺纹升降盘 15 和下位螺纹升降盘 10，拉盘 12 固连于主动部分上、下两盘之间，起到定位和导向作用。双旋向螺纹杆 14 通过轴承定位在主动部分的轴心，并通过下部的伸出轴端与被动齿轮固接。主动上盘接触面上安装压力传感器，采用步进电机驱动，传动部分主要包括连杆机构、螺纹机构、齿轮机构等，此外，还有三个弹性缓冲器(兼有定位和传输功能)、一个电信号触点开关以及机体等。被动部分主要由架体、导向侧板、被动定位缓冲器、电信号触头等组成。

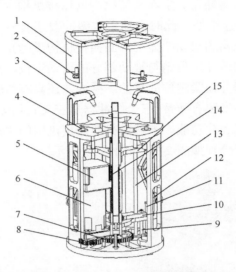

图 2-15　收-拉三爪式对接机构方案图

1-被动机构；2-被动定位缓冲器；3-锁爪；4-主动定位缓冲器；5-步进电机；6-减速器；7-被动齿轮；8-主动齿轮；9-拉杆；10-下位螺纹升降盘；11-限位杆；12-拉盘；13-导向杆；14-双旋向螺纹杆；15-上位螺纹升降盘

末端执行器对接机构主要组件及基本功能如表 2-2 所示。

表 2-2　末端执行器对接机构主要组件及基本功能

名称	主要组件	基本功能
主动对接机构	主动齿轮、被动齿轮	减速、传递运动
	上位螺纹升降盘、下位螺纹升降盘	驱动锁爪完成合拢及拉接动作
	带滑槽锁爪	完成捕获任务
	导向杆	保证螺纹升降盘只进行上下的直线运动
	步进电机、减速器	作为动力源、减速
	压力传感器、限位传感器	获取随机压力信号、控制行程
	缓冲器	缓冲、定位、传输气液介质
被动对接机构	架体	均布三个 V 型槽，实现导向和连接功能

2.3.2　部分主要部件的结构设计

1. 缓冲器结构设计

末端执行器抓接机构的缓冲器分为主动定位缓冲器和被动定位缓冲器两部分。其中，主动定位缓冲器固定在末端执行器抓接机构主动部分的主动上盘和连接梁(或者支撑梁)连接处，此时主动定位缓冲器还具有连接作用；被动定位缓冲器固定在抓接机构的被动架体上。当抓接机构进行拉合动作后阶段时，缓冲器通过主动部分的缓冲定位销与被动部分的被动定位套配合，达到最终航天器主动部分和被动部分锁紧定位的目的。缓冲器还具有传输气液介质的功能。在缓冲器主动部分还安装有弹簧，三个缓冲器呈三叉式均匀分布在主动机构上，这样可以更好地实现缓冲功能。末端执行器抓接机构的主动定位缓冲器、被动定位缓冲器三维视图分别如图 2-16 和图 2-17 所示。

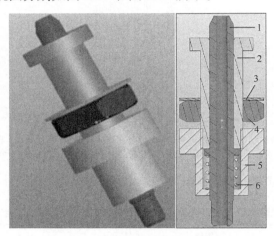

图 2-16　主动定位缓冲器三维视图
1-缓冲定位销；2-定位套；3-垫圈；4-扁螺母；5-螺纹套；6-弹簧

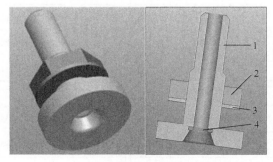

图 2-17　被动定位缓冲器三维视图
1-被动定位套；2-扁螺母；3-垫圈；4-密封垫

2. 局部拉杆设计

图 2-18 为末端执行器抓接机构局部三维视图。由图可见，导向杆 2、拉杆 3 和限位杆 5 位于同一方向上。其中，导向杆 2 分别穿过上位螺纹升降盘、下位螺纹升降盘；拉盘 4 固连于主动部分上、下两盘之间，可以保证螺纹升降盘只能进行上下直线运动，起到定位与导向作用；拉杆 3 穿过下位螺纹升降盘 1 和拉盘 4，可以相对滑动，主要在锁爪张开过程中起到连接两盘的作用；限位杆 5 一端与主动部分主动下盘固连，另一端穿过拉盘，拉盘可以相对滑动，主要是在锁爪张开过程中通过限定拉盘的位置来保证锁爪限位。

图 2-18 末端执行器抓接机构局部三维视图
1-下位螺纹升降盘；2-导向杆；3-拉杆；4-拉盘；5-限位杆

3. 被动部分设计

如图 2-19 所示，被动部分主要由被动架体、被动上盖、被动定位缓冲器等部件组成。

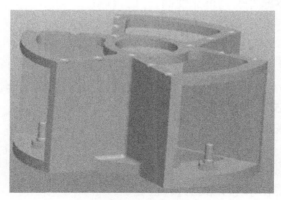

图 2-19 被动部分示意图

被动上盖为法兰结构，便于安装在被服务航天器上；被动架体上有三组均匀布置的 V 型槽，以便于在合拢过程中调整被动部分的姿态偏差，使锁爪更顺利地进行抓接；被动定位缓冲器安装在与主动定位缓冲器相对应的位置上，主要起到定位和输送气液介质的作用。

4. 驱动部分设计

驱动系统的核心是驱动装置，驱动装置依靠电信号输出线、角位移带动机构运动，然后按照控制系统的要求完成相应的动作。常用的驱动方式主要有电机驱动、液压驱动和气压驱动。气压驱动速度快、成本低、结构相对简单，而且有较高的重复定位精度，但推力小，无法实现精确的中间位置调节，通常在两个极限位置使用；液压驱动推力大、体积小、定位精度高、调速方便，可以实现连续控制，但是系统成本高，容易漏油，维修保压复杂，并且会造成环境污染。电机驱动装置主要有步进电机和伺服电机等，电机驱动方式特点如下：

(1) 体积小，重量轻；

(2) 控制电路设计简单；

(3) 控制性能好，快速响应能力强；

(4) 力矩输出较小，负载能力较弱，大推力情况下成本增加；

(5) 无污染。

综合考虑执行机构的工作环境及各种技术要求的限制条件，本设计选用步进电机作为驱动装置。步进电机具有以下优点：

(1) 系统采用数字信号进行开环控制，所以其性价比高；

(2) 步距角误差不积累，可以组成开环高精度控制系统，也可以组成闭环控制系统，满足高精度需求；

(3) 电机本体部件少，可靠性高；

(4) 响应快，方便启动、停止、正反转和变速；

(5) 停止时具有自锁功能。

根据末端执行器抓接机构的技术要求，抓接力不低于 2000N，以临界点抓接力 F=2000N 计算，步进电机与机构轴心距离 r=0.68m，齿轮传动比为 1.72，减速器减速比为 50，可以得到电机最小功率。

三种结构方案如下：

(1) 方案一，锥-杆定位式对接机构。

(2) 方案二，拉-收三爪式对接机构。

(3) 方案三，收-拉三爪式对接机构。

通过比较步进电机的三种主要类型，分析出混合式步进电机在结构上综合了其他两种步进电机的优点，即输出力矩更强、动态性能更优、精度更高，但同时结构也更加复杂，而且成本也大大提高。综上所述，本设计选择北京斯达特 23hs3002z 步进电机(两相混合式步进电机)作为驱动电机，符合技术要求，并且其性价比高，尺寸较小，重量较轻，驱动控制性能好，可以精确地控制电枢转角和转速，具有良好的缓冲走位性能，适用于运动轨迹复杂、动作精度要求高和程序复杂的末端执行器系统。

5. 测控系统设计

步进电机控制方式主要包括数字控制和模拟控制两种。模拟控制精度较低和抗干扰能力较差，且不容易控制，而可编程逻辑控制器(programmable logic controller，PLC)现已成为较为成熟的数字控制装置，应用非常广泛。与模拟控制相比，数字控制具有明显的优势，更兼有空间小、易于控制、抗干扰能力强等特点，因此末端执行器抓接机构捕获过程全程采用 PLC 控制，电控柜上具备显示功能。

为了方便系统的控制及调节，在电控柜上设计显示功能界面和人机控制界面，如图 2-20 所示。

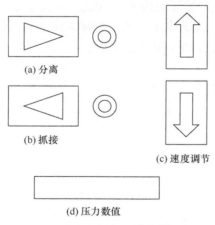

(a) 分离

(b) 抓接

(c) 速度调节

(d) 压力数值

图 2-20　人机控制界面

抓接过程：启动电源—单击"抓接控制"按钮—调节抓接速度—触动位置开关—抓接动作完成，指示灯亮。

分离过程：启动电源—单击"分离控制"按钮—调节分离速度—触动位置开关—分离动作完成，指示灯亮。

PLC 控制系统控制流程如图 2-21 所示。

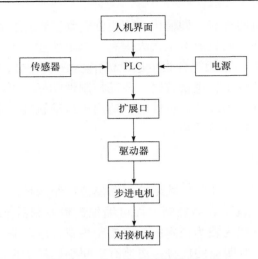

图 2-21　PLC 控制系统控制流程

　　PLC 控制程序中，初始状态即起始步 M0.0 表示对接机构的锁爪处于对接前的最大极限位置(此时锁爪张开最大弧度)。当在轨检测装置检测到被动部分在捕获范围内时，传感器 I0.1 触发，控制步进电机开始转动，用 Q0.1 表示，在抓接机构的主动上盘上安装压力传感器 I0.2；当压力传感器 I0.2 触发时，步进电机立刻停止转动，用 Q0.2 表示，试验对接机构准确对接。相应的波形图、顺序功能图、梯形图如图 2-22～图 2-24 所示。

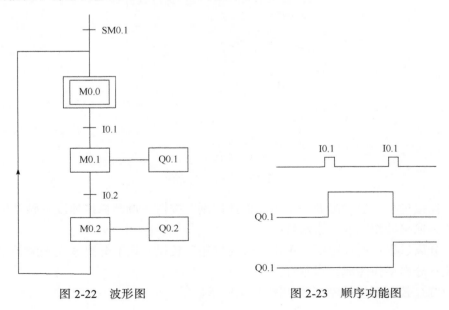

图 2-22　波形图　　　　　　　　　图 2-23　顺序功能图

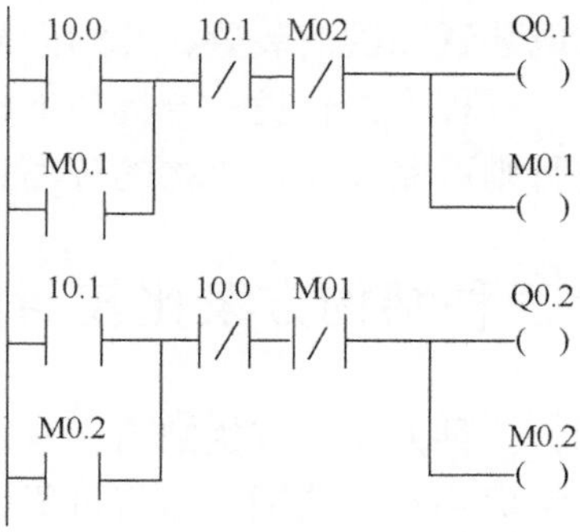

```
   I0.0      I0.1    M02            Q0.1
───┤├───────┤/├──────┤/├──────────(  )───

   M0.1                             M0.1
───┤├──                           ──(  )───


   I0.1      I0.0    M01            Q0.2
───┤├───────┤/├──────┤/├──────────(  )───

   M0.2                             M0.2
───┤├──                           ──(  )───
```

图 2-24　梯形图

2.3.3　主被动机构对接过程

对接机构三维整体示意图如图 2-25 所示。工作前，对接机构主动部分的上位螺纹升降盘和下位螺纹升降盘均处于双旋向螺纹杆中部，三个锁爪向外张开(此时锁爪弧度最大)。步进电机通过减速器带动主动齿轮转动，经被动齿轮驱动双旋向螺纹杆正向旋转，上位螺纹升降盘向上运动，锁爪上的滑槽使三个锁爪向中心收拢做抓接动作。同时下位螺纹升降盘也等速向下运动，当达到预定阶段时，下位螺纹升降盘开始压迫拉盘推动锁爪向下做拉合运动。在通过拐点后，收拢动作停止，拉合动作继续进行，锁爪经过被动部分的三个 V 型槽的导向作用，逐渐抓紧被动部分并调整姿态偏差，使两部分逐渐合体，并通过三个定位缓冲器的定位作用，达到最终的连接锁定，即主动机构和被动机构完成接合。此时，电信号显示对接成功，采集的压力信号经过处理会在可视屏上随机

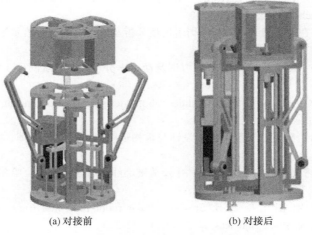

(a) 对接前　　　　　　　　　　　　(b) 对接后

图 2-25　对接机构三维整体示意图

显示。此后，可以启动供电装置和供液装置，开始向被动部分输电、输液，完成在轨服务任务。简述上述过程为：合拢—合拢与下拉—下拉—对接成功—在轨服务。上述操作反向进行则可完成连接机构的分离过程。

2.4　三种结构方案比较与优选

由前述设计分析可知，三种方案各有优缺点，其设计原理均能实现任务要求。根据技术指标要求，考虑到对接范围、运行可靠性、系统轻量化、实施难易程度及研制成本等因素，分别对三种方案进行详细的分析和比较，最终确定方案三为优选方案。三种方案的优缺点可参考表 2-3[28-30]。

表 2-3　方案比较

方案类型	优点	缺点
方案一	系统稳定性较好，对姿态调整要求低，捕获范围较大	结构复杂，控制要求高，重量较大
方案二	结构简单灵活，工艺性好，稳定性较高，缓冲性能较好	捕获范围较小，实现精确定位较费时，接口功能欠完善
方案三	捕获范围大，稳定性高，重量轻，缓冲性能好	结构较复杂，加工精度要求较高，研制成本较高

参 考 文 献

[1] 戴野. 小型通用自主对接机构设计及试验研究[D]. 哈尔滨: 哈尔滨理工大学, 2006.

[2] Dai Y, Xiang C F, Zhang Y A, et al. A review of spatial robotic arm trajectory planning[J]. Aerospace, 2022, 9(7): 361.

[3] Dai Y, Xiang C F, Qu W Y, et al. A review of end-effector research based on compliance control[J]. Machines, 2022, 10(2): 100.

[4] 刘朝旭. 空间在轨桁架细胞机器人衍生构型分析及路径规划[D]. 哈尔滨: 哈尔滨理工大学, 2021.

[5] 张元, 范长珍. 复合式对接试验台构型及动力学分析[J]. 哈尔滨理工大学学报, 2018, 23(1): 7-12.

[6] Dai Y, Xiang C F, Liu Z X, et al. Modular robotic design and reconfiguring path planning[J]. Applied Sciences, 2022, 12(2): 723.

[7] 张瀚博. 空间桁架在轨组装机器人设计与重构策略研究[D]. 哈尔滨: 哈尔滨理工大学, 2020.

[8] 范长珍. 复合姿态对接试验台构型优化及关键部件可靠性分析[D]. 哈尔滨: 哈尔滨理工大学, 2017.

[9] Dai Y, Liu Z X, Qi Y S, et al. Spatial cellular robot in orbital truss collision-free path planning[J]. Mechanical Sciences, 2020, 11(2): 233-250.

[10] Dai Y, Liu Z X, Zhang H B, et al. Recent patents for modular self-reconfigurable robot[J].

Recent Patents on Mechanical Engineering, 2019, 12(4): 279-289.

[11] Dai Y, Zhang H B, Qi Y S. Recent patents on valve mechanism device[J]. Recent Patents on Mechanical Engineering, 2020, 13(3): 230-241.

[12] 张元. 空间对接机构及六自由度仿真试验台研究[D]. 哈尔滨: 哈尔滨理工大学, 2017.

[13] 吕晶薇, 高语斐, 戴野, 等. 异类细胞单元构型策略与装配研究[J]. 哈尔滨理工大学学报, 2021, 26(6): 55-65.

[14] Zhang Y, Shao J P, Wang P, et al. Non-fragile reliable control law with the D-stability of a claw-shaped docking mechanism based on kinetic analysis[J]. Journal of Computational and Theoretical Nanoscience, 2016, 13(3): 1584-1592.

[15] Dai Y, Gao Y F, Wen W J. Recent patents for space docking mechanism[J]. Recent Patents on Mechanical Engineering, 2021, 14(2): 164-174.

[16] 张丽媛. 复合对接试验台的构型设计及稳定性分析[D]. 哈尔滨: 哈尔滨理工大学, 2016.

[17] Lai Y N. Design of an automatic autonomous mini prone-cone microsatellite docking mechanism[J]. Chinese Journal of Mechanical Engineering, 2010, 23(3): 353.

[18] Zhang Y, Sun L L, Lai Y N, et al. Dynamics and attitude error analysis for dock test system of small satellite[J]. Transactions of Nanjing University of Aeronautics and Astronautics, 2015, 32(4): 372-379.

[19] 周丽丽. 新型捕获对接机构仿真分析与试验研究[D]. 哈尔滨: 哈尔滨理工大学, 2015.

[20] Zhang Y, Zhou L L, Wang J, et al. Research on dynamics simulation of buffering process of docking mechanism[J]. Applied Mechanics and Materials, 2014, 701-702: 748-752.

[21] 张元, 孙丽丽, 王健, 等. 新型六自由度运动模拟器及其性能测试[J]. 哈尔滨理工大学学报, 2014, 19(4): 38-43.

[22] 张元, 孙丽丽, 胡乃文, 等. 小型卫星立式对接测试平台的动力学分析[J]. 哈尔滨理工大学学报, 2014, 19(2): 6-11.

[23] Zhang Y, Wang J, Song Y, et al. Dynamic simulation analysis for docking mechanism of on-orbit-servicing satellite[J]. Applied Mechanics and Materials, 2014, 487: 313-318.

[24] Zhang Y, Wang Y Y, Song Y, et al. Kinematics analysis and simulation of small satellite docking mechanism end executor[J]. Applied Mechanics and Materials, 2014, 487: 460-464.

[25] 王健. 在轨对接平台新型抓持机构设计与动力学仿真分析[D]. 哈尔滨: 哈尔滨理工大学, 2014.

[26] 孙丽丽. 立式对接测试平台的分析设计与试验研究[D]. 哈尔滨: 哈尔滨理工大学, 2014.

[27] 王盈盈. 小型卫星机械臂末端执行器抓接机构设计及仿真分析[D]. 哈尔滨: 哈尔滨理工大学, 2014.

[28] 于洋涛. 基于虚拟样机的小型通用快速自主对接机构研究[D]. 哈尔滨: 哈尔滨理工大学, 2006.

[29] 赵明军. 小型卫星对接机构地面六自由度试验台关键技术研究[D]. 哈尔滨: 哈尔滨理工大学, 2011.

[30] Zhang Y, Shao J P, Zhang L Y, et al. Analysis on modeling and motion simulation based on manipulator end executor of small satellite during the grasping process[J]. International Journal of Smart Home, 2015, 9(10): 125-132.

第3章 收-拉三爪式对接机构对接过程建模与位姿分析

3.1 对接机构坐标系建立

对接过程是一个烦琐的过程，是一个涉及两颗卫星的位置、姿态等的运动问题。坐标系不同，运动表示方法就不同，为了统一表示，需要进行坐标系转换。追踪卫星(主动部分)和目标卫星(被动部分)的位置和姿态需要靠实时坐标变换来实现[1-5]。

本书定义追踪卫星(或目标卫星)的当地轨道坐标系为惯性坐标系 $O_0\text{-}X_0Y_0Z_0$，定义地心为坐标原点，如图 3-1 所示，定义其单位正交矢量基组为 $E = (e_1, e_2, e_3)$。其中，e_1、e_2、e_3 均沿三坐标轴正向。对接副属于小偏差相对运动，可采用时间凝固法。定义 $O_1\text{-}X_1Y_1Z_1$、$O_2\text{-}X_2Y_2Z_2$ 分别为目标卫星和追踪卫星的星体质心坐标系，O_1、O_2 分别位于目标卫星和追踪卫星的星体质心，坐标系方向与当地轨道坐标系方向相同。为便于描述，分别定义：目标卫星的星体质心坐标系单位

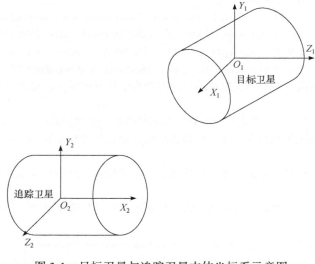

图 3-1 目标卫星与追踪卫星本体坐标系示意图

正交矢量基组为 $M = (m_1, m_2, m_3)$，追踪卫星的星体质心坐标系单位正交矢量基组为 $N = (n_1, n_2, n_3)$，两个单位矢量分别沿相应的坐标系轴的正向。

3.2　对接机构姿态参数及姿态运动学分析

3.2.1　欧拉角法与四元数法描述

姿态描述方法有欧拉角法和四元数法两种[6-13]。

1. 欧拉角法

通常用欧拉角来表示两个坐标系之间的转换关系。定义追踪卫星坐标系 $O_2\text{-}X_2Y_2Z_2$ 相对于目标卫星坐标系 $O_1\text{-}X_1Y_1Z_1$ 的俯仰角、滚转角、偏航角分别为 ϕ、θ 和 ψ，按照 ψ—θ—ϕ 顺序旋转，则追踪卫星坐标系矢量基组 N 与 E 之间的变换关系为

$$N = ET_{\mathrm{EN}} \tag{3-1}$$

$$E = NT_{\mathrm{EN}}^{\mathrm{T}} = NT_{\mathrm{EN}} \tag{3-2}$$

其中，

$$
T_{\mathrm{EN}}^{\mathrm{T}} = T_{\mathrm{NE}} = \begin{bmatrix} 1 & 0 & 0 \\ 0 & \cos\psi & \sin\psi \\ 0 & -\sin\psi & \cos\psi \end{bmatrix} \begin{bmatrix} \cos\theta & 0 & -\sin\theta \\ 0 & 1 & 0 \\ \sin\theta & 0 & \cos\theta \end{bmatrix} \begin{bmatrix} \cos\phi & \sin\phi & 0 \\ -\sin\phi & \cos\phi & 0 \\ 0 & 0 & 1 \end{bmatrix}
$$

$$
= \begin{bmatrix} \cos\theta\cos\psi & \cos\theta\,\sin\phi & -\sin\theta \\ -\cos\psi\sin\psi + \sin\psi\sin\theta\cos\phi & \cos\psi\cos\phi + \sin\psi\sin\theta\sin\phi & \sin\psi\cos\theta \\ \sin\psi\sin\phi + \cos\psi\sin\theta\cos\psi & -\sin\psi\cos\phi + \cos\psi\sin\theta\sin\phi & \cos\psi\cos\theta \end{bmatrix}
$$

2. 四元数法

在进行姿态动力学计算时，仅用欧拉角法会出现奇异点。为了避免出现这种情况，在运动学方程中用四元数 q 代替欧拉角，即

$$q = q_0 + q_1\mathrm{i} + q_2\mathrm{j} + q_3\mathrm{k} \tag{3-3}$$

式中，i、j、k 均为虚数单位。

当运动学方程中将矢量 r 变化为矢量 r' 时，用单位规范化的四元数在中间旋转变化一次。单位规范化的四元数就是 $q_0^2 + q_1^2 + q_2^2 + q_3^2 = 1$ 时的四元数，即两

矢量之间的关系可用下列矩阵形式来表达：

$$r' = Tr \tag{3-4}$$

其中，

$$T = \begin{bmatrix} q_0^2 + q_1^2 - q_2^2 - q_3^2 & 2(q_1q_2 + q_0q_3) & 2(q_1q_3 - q_0q_2) \\ 2(q_1q_2 - q_0q_3) & q_0^2 - q_1^2 + q_2^2 - q_3^2 & 2(q_2q_3 + q_0q_1) \\ 2(q_1q_3 + q_0q_2) & 2(q_2q_3 - q_0q_1) & q_0^2 - q_1^2 - q_2^2 + q_3^2 \end{bmatrix}$$

3.2.2　欧拉角和四元数的转换关系

按 $\psi - \theta - \phi$ 顺序旋转，得到的由欧拉角求四元数分量的公式为

$$\begin{cases} \tan\phi = \dfrac{2q_0q_3 + 2q_1q_2}{q_0^2 + q_1^2 - q_2^2 - q_3^2}, & -\pi \leqslant \phi \leqslant \pi \\[3mm] \sin\theta = 2q_0q_2 - 2q_1q_3, & -\dfrac{\pi}{2} \leqslant \theta \leqslant \dfrac{\pi}{2} \\[3mm] \tan\psi = \dfrac{2q_0q_1 + 2q_2q_3}{q_0^2 - q_1^2 - q_2^2 + q_3^2}, & -\pi \leqslant \psi \leqslant \pi \end{cases} \tag{3-5}$$

3.2.3　欧拉运动学方程与四元数运动学方程建立

1. 欧拉运动学方程

欧拉运动学方程通过列出姿态角变化率与角速度的关系来描述卫星运动状态。取追踪卫星上任意一质点 A，它在 $O_2\text{-}X_2Y_2Z_2$ 坐标系中的位置坐标为 $(r_x, r_y, r_z)^{\mathrm{T}}$，则质点 A 在 $O_2\text{-}X_2Y_2Z_2$ 坐标系中的速度可以表达为

$$v = \frac{\mathrm{d}r}{\mathrm{d}t} = \frac{\mathrm{d}}{\mathrm{d}t}\left\{ N \begin{bmatrix} r_x \\ r_y \\ r_z \end{bmatrix} \right\} = \frac{\mathrm{d}N}{\mathrm{d}t} \begin{bmatrix} r_x \\ r_y \\ r_z \end{bmatrix} + N \frac{\mathrm{d}}{\mathrm{d}t} \begin{bmatrix} r_x \\ r_y \\ r_z \end{bmatrix} \tag{3-6}$$

式中，r 为点 O_1 到点 A 的矢量。

由于追踪卫星为单刚体，可以得出

$$\frac{\mathrm{d}}{\mathrm{d}t} \begin{bmatrix} r_x \\ r_y \\ r_z \end{bmatrix} = \begin{bmatrix} 0 \\ 0 \\ 0 \end{bmatrix} \tag{3-7}$$

综合考虑式(3-1)和式(3-2)，则式(3-7)可写为

$$\frac{\mathrm{d}r}{\mathrm{d}t} = NT_{\mathrm{EN}}^{\mathrm{T}}\dot{T}_{\mathrm{EN}}\begin{bmatrix} r_x \\ r_y \\ r_z \end{bmatrix} \tag{3-8}$$

又由于

$$\frac{\mathrm{d}r}{\mathrm{d}t} = \omega_{\mathrm{N}} \times r \tag{3-9}$$

式中，ω_{N} 为追踪航天器的姿态角速度矢量。在 $O_2\text{-}X_2Y_2Z_2$ 坐标系下，ω_{N} 可表达为

$$\omega_{\mathrm{N}} = N\begin{bmatrix} \omega_1 \\ \omega_2 \\ \omega_3 \end{bmatrix} \tag{3-10}$$

式(3-9)可进一步转化为

$$\frac{\mathrm{d}r}{\mathrm{d}t} = N\tilde{\omega}\begin{bmatrix} r_x \\ r_y \\ r_z \end{bmatrix} \tag{3-11}$$

其中，

$$\tilde{\omega} = \begin{bmatrix} 0 & -\omega_3 & \omega_2 \\ \omega_3 & 0 & -\omega_1 \\ -\omega_2 & \omega_1 & 0 \end{bmatrix} \tag{3-12}$$

联立式(3-8)与式(3-11)，并考虑 T_{EN}，可以得到航天器的运动学方程为

$$\begin{cases} \dot{\phi} = \left(\omega_y\sin\psi + \omega_z\cos\psi\right)\sec\theta \\ \dot{\theta} = \omega_y\cos\psi - \omega_z\sin\psi \\ \dot{\psi} = \omega_x + \left(\omega_y\sin\psi + \omega_z\cos\psi\right)\tan\theta \end{cases} \tag{3-13}$$

由式(3-13)可知，非线性方程组在 $\theta = \pm\pi/2$ 处存在奇点，但是所设计的末端执行器抓接机构主动部分和被动部分满足轴向工作偏角范围 0°～20°、抓接时轴向位移范围 0～50mm、抓接时径向偏移范围 0～30mm 的技术要求，这就决定了目标卫星在可抓接范围内只有一个较小的姿态角，根本不会达到 $\theta = \pm\pi/2$

这样大的角度，所以欧拉角法可以描述逼近阶段两卫星的姿态。

2. 四元数运动学方程

一般情况下，四元数运动学方程为

$$\dot{q} = \frac{1}{2} \Omega(q_i) \omega \tag{3-14}$$

其中，

$$\Omega(q) = \begin{bmatrix} -q_1 & -q_2 & q_3 \\ q_0 & -q_3 & q_2 \\ q_3 & q_0 & -q_1 \\ -q_2 & q_1 & q_0 \end{bmatrix} \tag{3-15}$$

由此得到的四元数运动学方程为

$$\frac{dq_0}{dt} = -\frac{1}{2} \left(\omega_x q_1 + \omega_y q_2 + \omega_z q_3 \right) \tag{3-16}$$

$$\frac{dq_1}{dt} = \frac{1}{2} \left(\omega_x q_0 - \omega_y q_3 + \omega_z q_2 \right) \tag{3-17}$$

$$\frac{dq_2}{dt} = \frac{1}{2} \left(\omega_x q_3 + \omega_y q_0 - \omega_z q_1 \right) \tag{3-18}$$

$$\frac{dq_3}{dt} = \frac{1}{2} \left(-\omega_x q_2 - \omega_y q_0 + \omega_z q_1 \right) \tag{3-19}$$

考虑到轨道坐标系相对于坐标系 $O_0\text{-}X_0Y_0Z_0$ 存在转动角速度这一因素，运动学方程(3-14)可写为

$$\dot{q} = \frac{1}{2} \left[\Omega(q)\omega - \Omega(q)\omega_r \right] \tag{3-20}$$

式中，q 为转到坐标系 $O_0\text{-}X_0Y_0Z_0$ 之后的轨道坐标系四元数；ω_r 为相对转动角速度在轨道坐标系中的分量。

3.3　对接机构相对位置动力学建模与分析

3.3.1　相对位置动力学建模

如图 3-1 所示，定义对接点坐标系 $O\text{-}xyz$，取目标卫星的质心为坐标系原点

O，定义坐标系 x 轴正向为目标卫星的速度矢量方向；定义坐标系 z 轴正向为目标卫星的地心矢径反方向；定义坐标系 y 轴正向为垂直于轨道平面的方向，且符合右手定律[14-21]。

定义对接点坐标系上单位正交矢量基组 $H = (h_1, h_2, h_3)$，h_1、h_2、h_3 分别沿 x 轴、y 轴、z 轴正向。

由于目标卫星轨道类似圆形，定义目标卫星的轨道角速度为对接点坐标系 $O\text{-}xyz$ 在惯性空间中的常值角速度，记为 ω。

在抓接过程的最终逼近阶段，被动部分一般不做轨道机动，由抓接机构的主动部分完成与被动部分抓接所需的机动。抓接机构的被动部分与主动部分的运动方程分别如下：

$$\ddot{r}_m = \frac{-\mu r_m}{r_m^3 + d_m} \tag{3-21}$$

$$\ddot{r}_n = \frac{-\mu r_n}{r_n^3 + d_n + f_n} \tag{3-22}$$

式中，μ 为地球引力常数，$\mu = GM = 3.9860 \times 10^{14} \, \mathrm{m}^3 / \mathrm{s}^2$；$f_n$ 为追踪卫星的机动加速度；d_m 为目标卫星的摄动加速度；d_n 为追踪卫星的摄动加速度。

由于两卫星在准备捕获阶段轨道近似重合，并且所设计的抓接机构响应快速，由准备捕获阶段追捕卫星摄动造成的相对运动偏差近似为 0，即 $d_m - d_n = 0$。整理式(3-21)与式(3-22)得

$$\ddot{\rho} = -\frac{\mu}{r_m^3}\left[\frac{r_m - r_m^3(r + \rho)}{r_n^3} \right] + f_n \tag{3-23}$$

式中，ρ 为两卫星的相对位置矢量，$\rho = r_n - r_m$；r_m 为目标卫星的地心矢径；r_n 为追踪卫星的地心矢径。

ρ 对时间的一阶导数为

$$\frac{\mathrm{d}\rho}{\mathrm{d}t} = \frac{\mathrm{d}}{\mathrm{d}t}(H\rho) = \frac{\mathrm{d}H}{\mathrm{d}t}\rho + H\frac{\mathrm{d}\rho}{\mathrm{d}t} \tag{3-24}$$

将式(3-24)对时间求导为

$$\frac{\mathrm{d}^2\rho}{\mathrm{d}t^2} = H\frac{\mathrm{d}^2\rho}{\mathrm{d}t^2} + 2\omega \times \left(H\frac{\mathrm{d}\rho}{\mathrm{d}t} \right) + \dot{\omega} \times \rho + \omega \times (\omega \times \rho) \tag{3-25}$$

式中，ω 为目标卫星的常值角速度。

分别将矢量 ρ、r_m、f_n 投影在对接点坐标系的基组 $H = (h_1, h_2, h_3)$ 下为

$$\rho = H \begin{bmatrix} x \\ y \\ z \end{bmatrix} \tag{3-26}$$

$$r_{\mathrm{m}} = H \begin{bmatrix} 0 \\ 0 \\ -r_{\mathrm{m}} \end{bmatrix} \tag{3-27}$$

$$f_{\mathrm{n}} = H \begin{bmatrix} a_x \\ a_y \\ a_z \end{bmatrix} \tag{3-28}$$

此外，

$$\dot{h} = \omega \times h_i, \quad i = 1, 2, 3 \tag{3-29}$$

$$\omega = H \begin{bmatrix} 0 \\ -n \\ 0 \end{bmatrix} \tag{3-30}$$

$$n = \sqrt{\mu / r_{\mathrm{m}}^3} \tag{3-31}$$

联立式(3-23)~式(3-31)，可以得到追踪卫星对于目标卫星的相对位置动力学模型，在对接点坐标系中得到的线性常微分方程如下：

$$\begin{cases} \ddot{x} = a_x + 2n\dot{z} \\ \ddot{y} = a_y - n^2 y \\ \ddot{z} = a_z - 2n\dot{x} + 3n^2 z \end{cases} \tag{3-32}$$

式中，a_x 为控制加速度在对接点坐标系中 x 轴分量；a_y 为控制加速度在对接点坐标系中 y 轴分量；a_z 为控制加速度在对接点坐标系中 z 轴分量。

通过分析，在推导过程中也做了一些假设，忽略摄动引力不太适用于椭圆轨道的问题，但是在飞行时间不长的情况下上述关系式仍然可以用于描述两卫星之间的相对位置运动关系。

3.3.2　在轨对接过程中两卫星空间状态描述

设状态变量 $X = \begin{bmatrix} x & y & z & \dot{x} & \dot{y} & \dot{z} \end{bmatrix}^{\mathrm{T}}$，控制输入 $U = \begin{bmatrix} a_x & a_y & a_z \end{bmatrix}^{\mathrm{T}}$，可将状态

空间描述为

$$\dot{X} = AX + BU \tag{3-33}$$

其中，

$$A = \begin{bmatrix} 0 & 0 & 0 & 1 & 0 & 0 \\ 0 & 0 & 0 & 0 & 1 & 0 \\ 0 & 0 & 0 & 0 & 0 & 1 \\ 0 & 0 & 0 & 0 & 0 & 2n \\ 0 & -n^2 & 0 & 0 & 0 & 0 \\ 0 & 0 & 3n^2 & -2n & 0 & 0 \end{bmatrix} \tag{3-34}$$

$$B = \begin{bmatrix} O_{s \times s} \\ I_{s \times s} \end{bmatrix} \tag{3-35}$$

式中，O 为零矩阵；I 为单位矩阵。

　　式(3-33)是理想条件下的空间状态方程。实际上，很多影响因素会给相对运动学方程(3-33)带来干扰，如计算时目标卫星轨道近圆假设问题；线性化时忽略二阶及二阶以上项问题，忽略由推力偏差造成的姿态对轨道耦合摄动问题等。综合上述因素，列出式(3-36)：

$$\dot{X} = AX + B_1 W + B_2 U \tag{3-36}$$

式中，W 为外部综合扰动因素，

$$B_2 = B_1 = \begin{bmatrix} O_{s \times s} \\ I_{s \times s} \end{bmatrix}$$

3.4　对接机构姿态动力学建模与分析

　　姿态动力学分析的目的是分析在轨卫星姿态运动与力矩耦合作用。取追踪卫星上任意一质点 B，质点 B 受到作用于微元 $\mathrm{d}m$ 上的力矩为 $r \times \dfrac{\mathrm{d}v}{\mathrm{d}t} \mathrm{d}m$，$r$ 为质点 B 指向微元 $\mathrm{d}m$ 的向量，则航天器所受到的合外力矩为

$$M = \int \mathrm{d}M_0 = \int r \times \frac{\mathrm{d}v}{\mathrm{d}t} \mathrm{d}m \tag{3-37}$$

其中，

$$r \times \frac{\mathrm{d}v}{\mathrm{d}t} = \frac{\mathrm{d}}{\mathrm{d}t}(r \times v) - \frac{\mathrm{d}r}{\mathrm{d}t} \times v = \frac{\mathrm{d}}{\mathrm{d}t}(r \times v) - v \times v = \frac{\mathrm{d}}{\mathrm{d}t}(r \times v) \tag{3-38}$$

式(3-37)可写为

$$M = \int \frac{\mathrm{d}}{\mathrm{d}t}(r \times v)\mathrm{d}m = \frac{\mathrm{d}}{\mathrm{d}t}\int(r \times v)\,\mathrm{d}m \tag{3-39}$$

考虑到式(3-9)，$\dfrac{\mathrm{d}r}{\mathrm{d}t} = \omega_N \times r$ 及 $a \times (b \times c) = (a \cdot c)b - (a \cdot b)c$，因此有

$$M = \frac{\mathrm{d}}{\mathrm{d}t}\int(\omega_N \times r)\mathrm{d}m = \frac{\mathrm{d}}{\mathrm{d}t}\int\left[(r \cdot r)\omega_N - (r \cdot \omega_N)r\right]\mathrm{d}m \tag{3-40}$$

令

$$r = N\begin{bmatrix} r_x \\ r_y \\ r_z \end{bmatrix} \tag{3-41}$$

将式(3-10)、式(3-11)、式(3-41)代入式(3-40)进行整理，得到卫星姿态动力学方程为

$$M = N\tilde{\omega}J\begin{pmatrix} \omega_1 \\ \omega_2 \\ \omega_3 \end{pmatrix} + J\begin{pmatrix} \dot{\omega}_1 \\ \dot{\omega}_2 \\ \dot{\omega}_3 \end{pmatrix} \tag{3-42}$$

式中，J 为转动惯量矩阵：

$$J = \int\begin{bmatrix} r_y^2 + r_z^2 & -r_x r_y & -r_x r_z \\ -r_x r_y & r_x^2 + r_y^2 & -r_y r_z \\ -r_x r_z & -r_y r_z & r_x^2 + r_y^2 \end{bmatrix}\mathrm{d}m \tag{3-43}$$

当 J 中的转动惯量与本体坐标系对应重合时，J 变为

$$J = \begin{bmatrix} J_x & 0 & 0 \\ 0 & J_y & 0 \\ 0 & 0 & J_z \end{bmatrix} \tag{3-44}$$

式中，J_x 为卫星绕 x 惯性轴的转动惯量；J_y 为卫星绕 y 惯性轴的转动惯量；J_z 为卫星绕 z 惯性轴的转动惯量。

则姿态动力学方程的分量形式如下：

$$\begin{cases} M_x = J_y\dot{\omega}_1 - \left(J_y - J_z\right)\omega_2\omega_3 \\ M_y = J_y\dot{\omega}_2 - \left(J_z - J_x\right)\omega_1\omega_3 \\ M_z = J_z\dot{\omega}_3 - \left(J_x - J_y\right)\omega_1\omega_2 \end{cases} \tag{3-45}$$

式中，M_x 为外力矩在本体坐标系下 x 轴分量；M_y 为外力矩在本体坐标系下 y 轴分量；M_z 为外力矩在本体坐标系下 z 轴分量。

由式(3-45)可以看出，转动运动相互耦合[22-26]。

参 考 文 献

[1] 王盈盈. 小型卫星机械臂末端执行器抓接机构设计及仿真分析[D]. 哈尔滨: 哈尔滨理工大学, 2014.

[2] Dai Y, Liu Z X, Qi Y S, et al. Spatial cellular robot in orbital truss collision-free path planning[J]. Mechanical Sciences, 2020, 11(2): 233-250.

[3] Dai Y, Gao Y F, Wen W J. Recent patents for space docking mechanism[J]. Recent Patents on Mechanical Engineering, 2021, 14(2): 164-174.

[4] Dai Y, Zhang H B, Qi Y S. Recent patents on valve mechanism device[J]. Recent Patents on Mechanical Engineering, 2020, 13(3): 230-241.

[5] 周丽丽. 新型捕获对接机构仿真分析与试验研究[D]. 哈尔滨: 哈尔滨理工大学, 2015.

[6] Zhang Y, Zhou L L, Wang J, et al. Research on dynamics simulation of buffering process of docking mechanism[J]. Applied Mechanics and Materials, 2014, 701-702: 748-752.

[7] 张元, 孙丽丽, 王健, 等. 新型六自由度运动模拟器及其性能测试[J]. 哈尔滨理工大学学报, 2014, 19(4): 38-43.

[8] 张元, 孙丽丽, 胡乃文, 等. 小型卫星立式对接测试平台的动力学分析[J]. 哈尔滨理工大学学报, 2014, 19(2): 6-11.

[9] 戴野. 小型通用自主对接机构设计及试验研究[D]. 哈尔滨: 哈尔滨理工大学, 2006.

[10] Dai Y, Xiang C F, Zhang Y, et al. A review of spatial robotic arm trajectory planning[J]. Aerospace, 2022, 9(7): 361.

[11] Dai Y, Xiang C F, Qu W Y, et al. A review of end-effector research based on compliance control[J]. Machines, 2022, 10(2): 100.

[12] 范长珍. 复合姿态对接试验台构型优化及关键部件可靠性分析[D]. 哈尔滨: 哈尔滨理工大学, 2017.

[13] 刘朝旭. 空间在轨桁架细胞机器人衍生构型分析及路径规划[D]. 哈尔滨: 哈尔滨理工大学, 2021.

[14] 张元, 范长珍. 复合式对接试验台构型及动力学分析[J]. 哈尔滨理工大学学报, 2018, 23(1): 7-12.

[15] Dai Y, Xiang C F, Liu Z X, et al. Modular robotic design and reconfiguring path planning[J]. Applied Sciences, 2022, 12(2): 723.

[16] 张丽媛. 复合对接试验台的构型设计及稳定性分析[D]. 哈尔滨: 哈尔滨理工大学, 2016.

[17] 张瀚博. 空间桁架在轨组装机器人设计与重构策略研究[D]. 哈尔滨: 哈尔滨理工大学, 2020.

[18] 张元. 空间对接机构及六自由度仿真试验台研究[D]. 哈尔滨: 哈尔滨理工大学, 2017.

[19] Dai Y, Liu Z X, Zhang H B, et al. Recent patents for modular self-reconfigurable robot[J]. Recent Patents on Mechanical Engineering, 2019, 12(4): 279-289.

[20] 于洋涛. 基于虚拟样机的小型通用快速自主对接机构研究[D]. 哈尔滨: 哈尔滨理工大学, 2006.

[21] 赵明军. 小型卫星对接机构地面六自由度试验台关键技术研究[D]. 哈尔滨: 哈尔滨理工大学, 2011.

[22] Zhang Y, Shao J P, Zhang L Y, et al. Analysis on modeling and motion simulation based on manipulator end executor of small satellite during the grasping process[J]. International Journal of Smart Home, 2015, 9(10): 125-132.

[23] Zhang Y, Sun L L, Lai Y N, et al. Dynamics and attitude error analysis for dock test system of small satellite[J]. Transactions of Nanjing University of Aeronautics and Astronautics, 2015, 32(4): 372-379.

[24] 王健. 在轨对接平台新型抓持机构设计与动力学仿真分析[D]. 哈尔滨: 哈尔滨理工大学, 2014.

[25] 孙丽丽. 立式对接测试平台的分析设计与试验研究[D]. 哈尔滨: 哈尔滨理工大学, 2014.

[26] Lai Y N. Design of an automatic autonomous mini prone-cone microsatellite docking mechanism[J]. Chinese Journal of Mechanical Engineering, 2010, 23(3): 353.

第4章 收-拉三爪式对接机构对接过程仿真与动力学特性分析

4.1 基于 ADAMS 软件的仿真分析

4.1.1 ADAMS 软件简介

ADAMS 软件主要用于分析系统运动过程。ADAMS 软件具有很多优点，如操作简单，可以直接导入 UG 和 Pro/E 模型，不用重复学习建模；分析快捷，机构运动后会自动输出运动曲线；分析快速多样，运动学、静力学等都可以求解。

采用 ADAMS 软件进行分析研究主要是为了达到下列目的：

(1) 验证末端执行器对接机构方案设计的合理性；

(2) 验证在各个工况下末端执行器对接机构的抓接状态；

(3) 研究末端执行器抓接机构的各个性能参数，测定碰撞力、力矩等，判断所设计的末端执行器对接机构是否达到技术要求[1-4]。

4.1.2 分析方法

基于 ADAMS 软件的末端执行器抓接机构抓接仿真步骤如下。

(1) 导入模型。首先将建立好的 Pro/E 模型的位置调整到末端执行器抓接机构正常工作的准备位置，然后将模型的装配体另存为 "Parasolid(*.x_t)" 格式，再打开 ADAMS/View 界面，导入文件，创建模型名称为 "quanbu"，导入模型，并设置模型单位为 "MMKS" 单位制，即毫米、千克和秒。

(2) 定义刚导入 ADAMS 软件中的模型构件属性。每个构件都没有定义材料和属性，因此无法进行运动仿真。为了进行运动仿真，首先要定义每一个构件的材料，同时为了以后方便添加约束，还需要对每一个构件进行重新命名。ADAMS 软件中内置了一些如钢、铸铁等材料的属性，但是没有内置某些合金材料的属性，因此需要自行设定。选择 Build→Material→New，输入添加材料的名称、弹性模量、泊松比和密度就可以生成新的材料，材料属性如表 4-1 所示。在物理模型中，以 AL6061 材料为主，采用这种高强度铝合金拉制成型的材料不仅坚固耐用，而且大大减轻了成品的重量，但成本会提高。

表 4-1　材料属性

名称	弹性模量/ (N/mm²)	泊松比	密度/ (kg/mm³)
AL6061	7.1705×10¹⁰	0.33	2740.0
Q235	2.7×10¹¹	0.29	7801.0

(3) 定义运动副。由于在 Pro/E 装配图中添加的配合关系在 ADAMS 软件中是无效的，模型导入 ADAMS 软件中以后，运动副约束需要重新添加(图 4-1)，主要采取的约束形式有固定副、齿轮副、旋转副和移动副等。

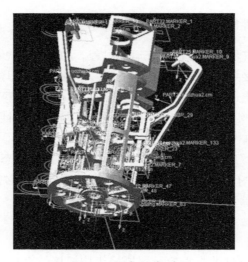

图 4-1　添加约束副

(4) 定义碰撞副。为了保证模型运动的真实性，采用 ADAMS/View 中提供的碰撞力(ContactForce)来模拟主动部分与被动部分、各锁爪与被动部分以及销轴与锁爪轨道的碰撞力。

(5) 设定仿真条件。设置合理的仿真条件可以仿真出在对接机构处于完全失重状态及运动副无摩擦阻力状态下，对接时各个部件的运动参数，以提高仿真的可信度。为观察对接过程中两航天器从抓接到稳定的过程，本书将抓取的目标卫星质心相对对接机构载体的速度和位置作为研究对象，设定三种对接状态，并分别进行抓取仿真试验。工况 1 为正方向抓取(正抓)，工况 2 为轴心非对齐抓取(偏抓)，工况 3 为轴向倾斜抓取(斜抓)，参数设定如表 4-2 所示。

(6) 结束仿真。捕获成功条件为主动部分和被动部分距离不大于 0.03mm，且三个欧拉角相对值不大于 1°；捕获失败条件为主动部分和被动部分开始做相对分离运动，并且没有再次接近的趋势。当仿真过程满足捕获成功条件或捕获失败条件时，触发传感器，仿真结束。

表 4-2　仿真试验工况

工况	位置偏差设定		
	X	Y	Z
工况 1(正抓)	0	0	30mm
工况 2(偏抓)	10mm	0	30mm
工况 3(斜抓)	10°	0	30mm

4.2　对接机构对接过程仿真结果

4.2.1　仿真工况 1(正抓)

抓取仿真试验状态为正方向抓取仿真试验，为抓取状态中最简单的工况。主动部分和被动部分距离为 30mm (Z 方向距离为 30mm)，仿真时间为 0.15s，步长为 0.01s，在仿真到第 185 步时满足对接成功条件。抓取成功之后，生成相关参数曲线。

对接过程的仿真结果如下。对接过程如图 4-2 所示。

(a) 初始状态(0s,fram0)　　(b) 对接过程中(0.06s,fram94)

(c) 对接结束(0.12s,fram185)

图 4-2　对接过程(工况 1)

在对接过程中，对接目标的相对位置变化如图 4-3 所示，对接目标的相对速度变化如图 4-4 所示。

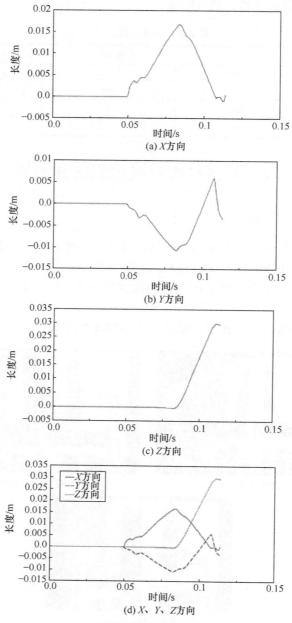

图 4-3　相对位置变化(工况 1)

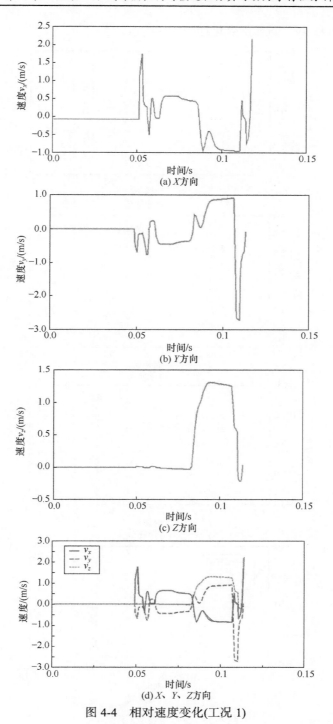

图 4-4　相对速度变化(工况 1)

在对接过程中，姿态角变化如图 4-5 所示。

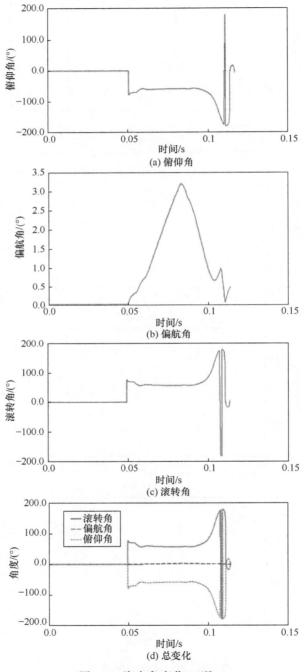

图 4-5　姿态角变化(工况 1)

在对接过程中，姿态角速度变化如图 4-6 所示。

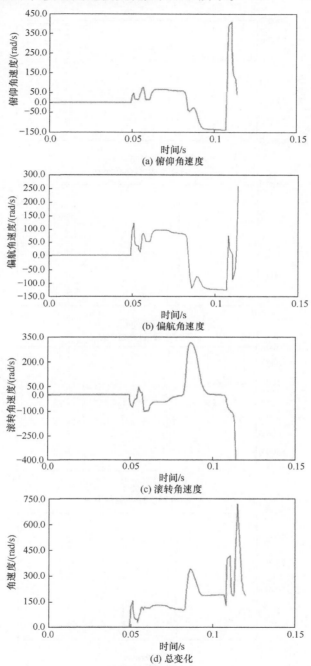

图 4-6　姿态角速度变化(工况 1)

在对接过程中，各锁爪对应的各向碰撞力及碰撞合力如图 4-7 所示。

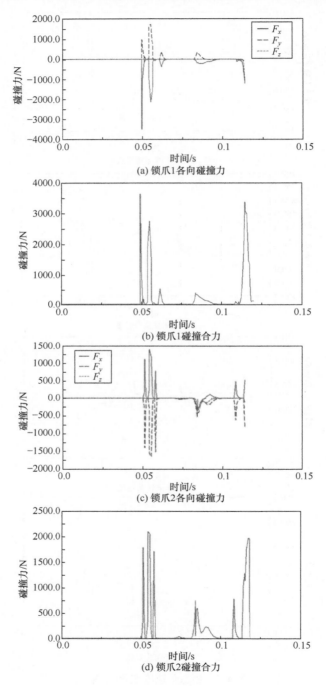

(a) 锁爪1各向碰撞力

(b) 锁爪1碰撞合力

(c) 锁爪2各向碰撞力

(d) 锁爪2碰撞合力

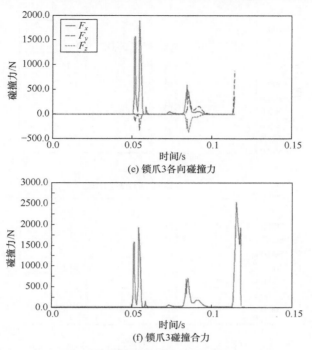

(e) 锁爪3各向碰撞力

(f) 锁爪3碰撞合力

图 4-7　各锁爪对应的各向碰撞力及碰撞合力(工况 1)

在对接仿真过程中,各锁爪对应各向碰撞力矩及碰撞合力矩如图 4-8 所示。

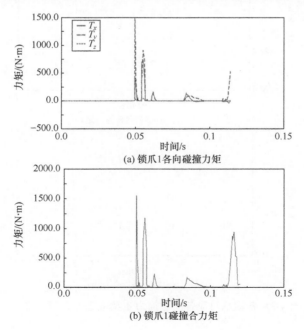

(a) 锁爪1各向碰撞力矩

(b) 锁爪1碰撞合力矩

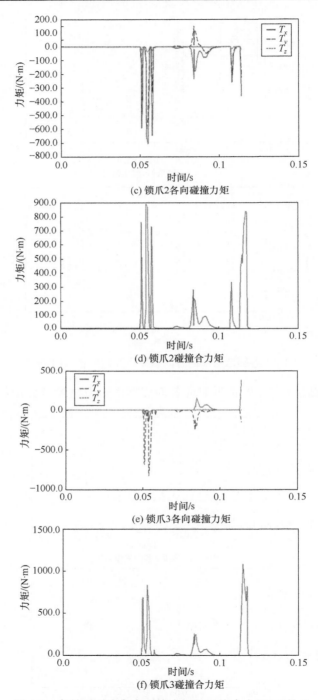

(c) 锁爪2各向碰撞力矩

(d) 锁爪2碰撞合力矩

(e) 锁爪3各向碰撞力矩

(f) 锁爪3碰撞合力矩

图 4-8　各锁爪对应各向碰撞力矩及碰撞合力矩(工况 1)

由仿真试验结果可知，在工况 1 正方向抓取时，对接机构可以较好地抓持目标，在抓持目标初始阶段，冲击使得目标位置和姿态变化较大，出现波动，随后锁爪与被动机构持续接触，并最终抓获目标。

4.2.2 仿真工况 2(偏抓)

对接试验状态为轴心非对齐抓取(z 方向距离为 30mm)，偏移量为 10mm，仿真时间为 0.15s，步长为 0.001s，在仿真到第 196 步时满足对接成功条件。对接过程的仿真结果如下。对接过程如图 4-9 所示。

(a) 初始状态(0s,fram0)　　　　　　　(b) 对接过程中(0.06s,fram103)

(c) 对接结束(0.12s,fram196)

图 4-9　对接过程(工况 2)

在对接过程中，对接目标的相对位置变化如图 4-10 所示，对接目标的相对速度变化如图 4-11 所示。

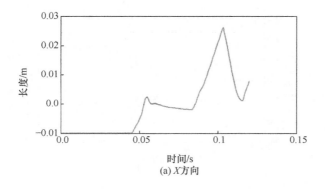

(a) X 方向

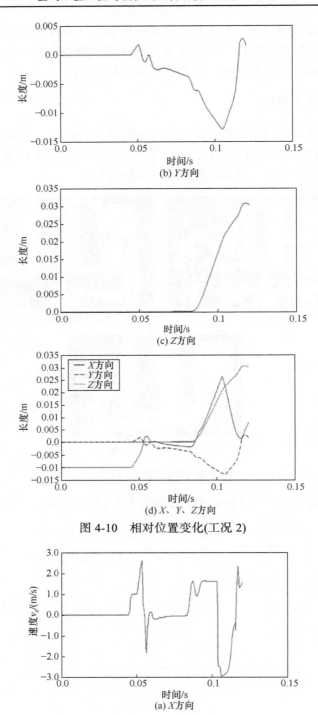

(b) Y方向

(c) Z方向

(d) X、Y、Z方向

图 4-10　相对位置变化(工况 2)

(a) X方向

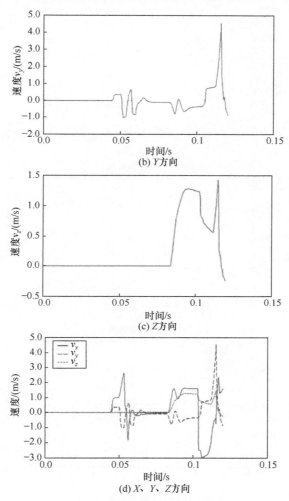

(b) Y方向

(c) Z方向

(d) X、Y、Z方向

图 4-11　相对速度变化(工况 2)

在对接过程中，对接目标的姿态角变化如图 4-12 所示。

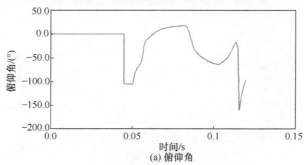

(a) 俯仰角

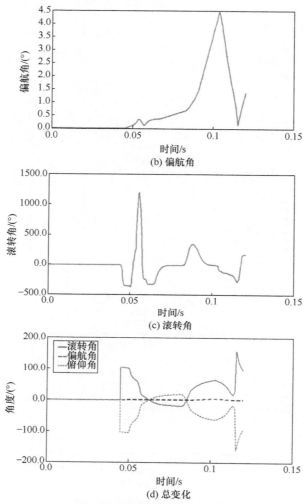

(b) 偏航角

(c) 滚转角

(d) 总变化

图 4-12 姿态角变化(工况 2)

在对接过程中，对接目标的姿态角速度变化如图 4-13 所示。

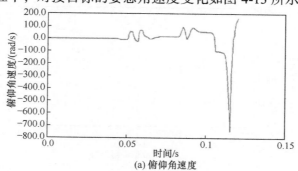

(a) 俯仰角速度

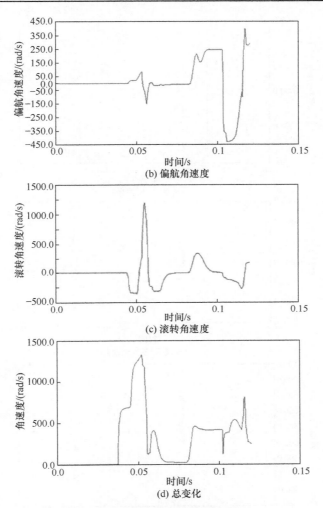

图 4-13　姿态角速度变化(工况 2)

在对接仿真过程中，各锁爪对应的各向碰撞力及碰撞合力如图 4-14 所示。

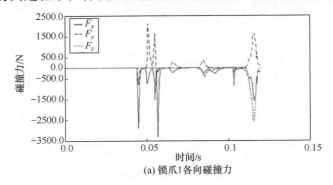

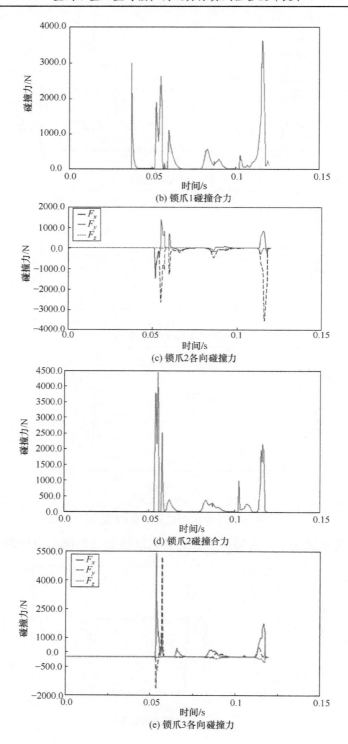

(b) 锁爪1碰撞合力

(c) 锁爪2各向碰撞力

(d) 锁爪2碰撞合力

(e) 锁爪3各向碰撞力

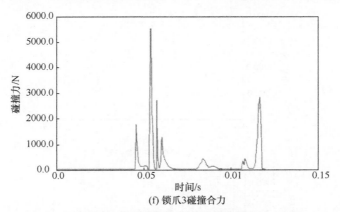

(f) 锁爪3碰撞合力

图 4-14　各锁爪对应的各向碰撞力及碰撞合力(工况 2)

在对接仿真过程中，各锁爪对应各向碰撞力矩及碰撞合力矩如图 4-15 所示。

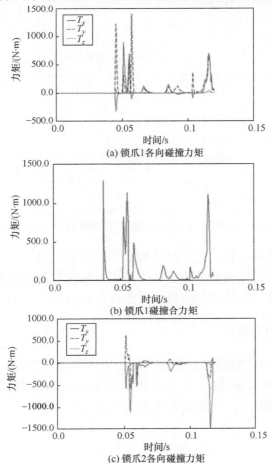

(a) 锁爪1各向碰撞力矩

(b) 锁爪1碰撞合力矩

(c) 锁爪2各向碰撞力矩

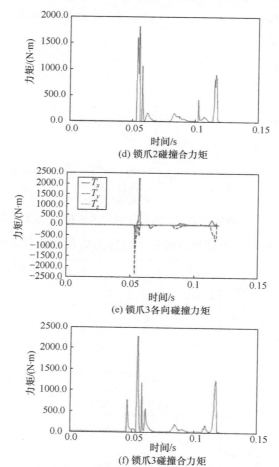

(d) 锁爪2碰撞合力矩

(e) 锁爪3各向碰撞力矩

(f) 锁爪3碰撞合力矩

图 4-15　各锁爪对应各向碰撞力矩及碰撞合力矩(工况 2)

　　由仿真试验结果可知，在工况 2 轴心非对齐抓取时，对接机构可以较好地对接目标，在对接目标初始阶段，冲击使得目标位置和姿态变化较大，出现波动，随后锁爪与被动机构持续接触，并最终抓获目标。

4.2.3　仿真工况 3(斜抓)

　　对接仿真试验状态为轴向倾斜抓取，z 方向距离为 30mm，倾斜 10°，仿真时间为 0.15s，步长为 0.001s，在仿真到第 215 步时满足对接成功条件。对接过程的仿真试验结果如下。对接过程如图 4-16 所示。

(a) 初始状态(0s,fram0)

(b) 对接过程中(0.06s,fram104)

(c) 对接结束(0.12s,fram215)

图 4-16　对接过程(工况 3)

在对接过程中，对接目标的相对位置变化如图 4-17 所示，对接目标的相对速度变化如图 4-18 所示。

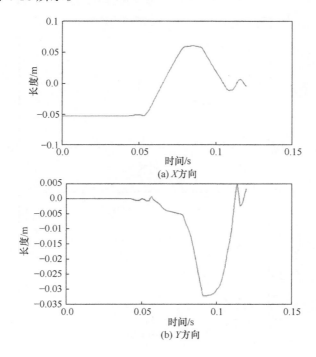

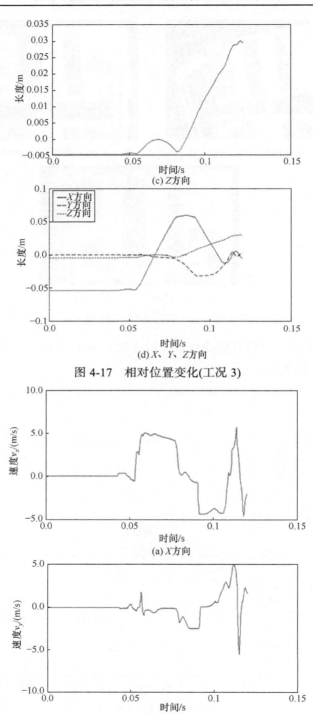

(c) Z方向

(d) X、Y、Z方向

图 4-17　相对位置变化(工况 3)

(a) X方向

(b) Y方向

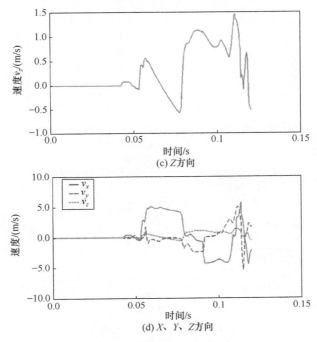

(c) Z 方向

(d) X、Y、Z 方向

图 4-18　相对速度变化(工况 3)

在对接过程中，对接目标的姿态角变化如图 4-19 所示，姿态角速度变化如图 4-20 所示。

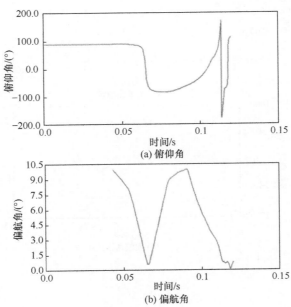

(a) 俯仰角

(b) 偏航角

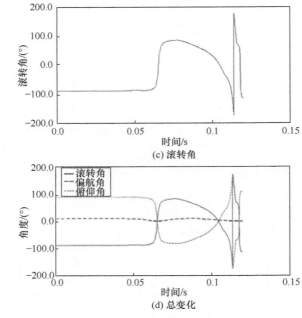

(c) 滚转角

(d) 总变化

图 4-19　姿态角变化(工况 3)

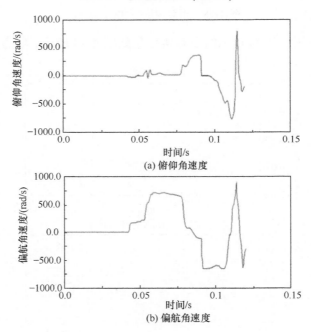

(a) 俯仰角速度

(b) 偏航角速度

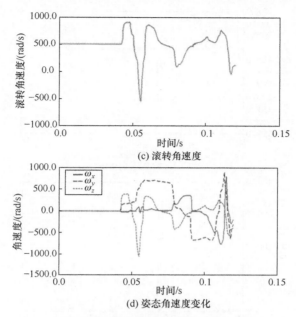

(c) 滚转角速度

(d) 姿态角速度变化

图 4-20　姿态角速度变化(工况 3)

在对接仿真过程中，各锁爪对应的各向碰撞力及碰撞合力如图 4-21 所示，对接仿真过程中各锁爪对应各向碰撞力矩及碰撞合力矩如图 4-22 所示。

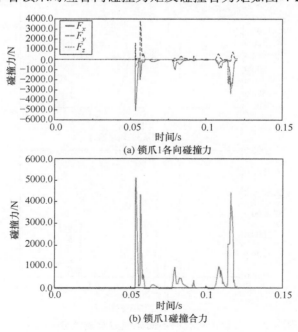

(a) 锁爪1各向碰撞力

(b) 锁爪1碰撞合力

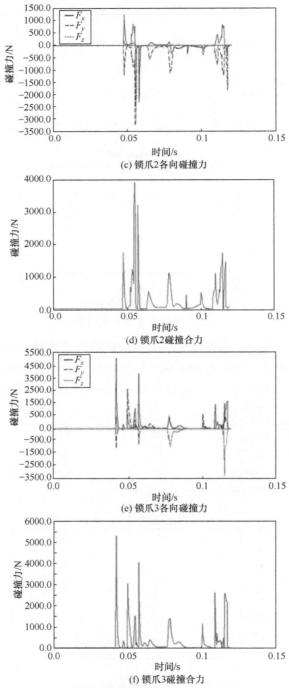

(c) 锁爪2各向碰撞力

(d) 锁爪2碰撞合力

(e) 锁爪3各向碰撞力

(f) 锁爪3碰撞合力

图 4-21　各锁爪对应的各向碰撞力及碰撞合力(工况 3)

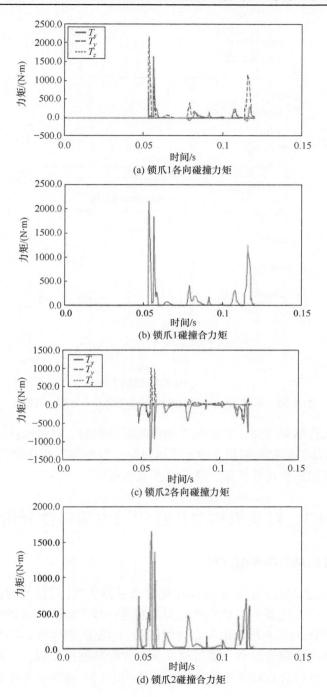

(a) 锁爪1各向碰撞力矩

(b) 锁爪1碰撞合力矩

(c) 锁爪2各向碰撞力矩

(d) 锁爪2碰撞合力矩

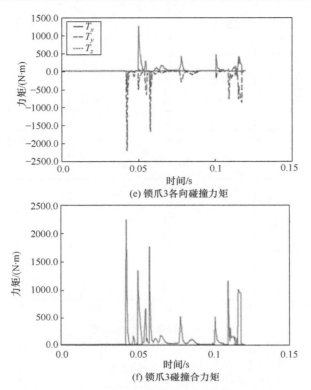

图 4-22　各锁爪对应各向碰撞力矩及碰撞合力矩(工况 3)

由仿真试验结果可知，在工况 3 轴向倾斜抓取时，抓持机构可以较好地抓持目标，在抓持目标初始阶段，冲击使得目标位置和姿态变化较大，出现波动，随后锁爪与被动机构持续接触，并最终抓获目标[5-9]。

4.3　对接机构对接过程动力学特性分析

4.3.1　对接过程动力学参数方程

牛顿-欧拉法作为人们对刚体运动规律的一种认识，最显著的特点是具有直观性，这种数学方法基于矢量力学，为人们进一步了解刚体运动规律提供了保障。牛顿-欧拉法的基本理论出发点非常简单，它是将刚体的运动分解为刚体上某点平动和转动的复合运动，通过建立牛顿方程和欧拉方程，对刚体的运动规律进行描述。欧拉方程能够把物体在力矩作用下的一些运动规律很好地表达出来[10-17]。

对接过程中，服务航天器与被服务航天器均视为单刚体，因此它们的运动均满足牛顿-欧拉方程，两航天器动力学方程如下：

$$F_i = m_i j_i \tag{4-1}$$

$$M_i + M_{i0} = I_i \omega_i + \omega_i \times I_i \omega_i \tag{4-2}$$

式中，m_i 为服务或被服务航天器质量；j_i 为服务或被服务航天器的位置向量；F_i 为服务或被服务航天器所受外力；I_i 为服务或被服务航天器惯量；ω_i 为服务或被服务航天器角速度；M_i 为服务或被服务航天器所受外力矩；M_{i0} 为服务或被服务航天器所受控制力矩，被服务航天器此项为零。

4.3.2　主动机构锁爪运动学方程

根据前述对机构几何坐标系的定义，对接机构捕获端所在坐标系为 O_2-$X_2Y_1Z_2$，因此三个锁爪质心速度标定及运动参数满足下面运动学方程，定义三个锁爪编号分别为 1、2、3，相关运动参数构造的运动学方程如下：

$$\begin{cases} v_1 = i_1, & \omega_1 = \dot{\theta}_1, & \beta_1 = \dot{\omega}_1 = \ddot{\theta}_1 \\ v_2 = i_2, & \omega_2 = \dot{\theta}_2, & \beta_2 = \dot{\omega}_2 = \ddot{\theta}_2 \\ v_3 = i_3, & \omega_3 = \dot{\theta}_3, & \beta_3 = \dot{\omega}_3 = \ddot{\theta}_3 \end{cases} \tag{4-3}$$

$$\begin{cases} v_{P_1} = v_1 + \omega_1 \dfrac{L}{2} \\ v_{P_2} = v_2 + \omega_2 \dfrac{L}{2} \\ v_{P_3} = v_3 + \omega_3 \dfrac{L}{2} \end{cases} \tag{4-4}$$

式中，θ 为偏航角；i_1、i_2、i_3 分别为三个锁爪在参考坐标系 1 中的矢量（i 为 i 的一阶微分函数）；v_1、v_2、v_3 与 ω_1、ω_2、ω_3 分别为三个锁爪（锁爪 1、锁爪 2、锁爪 3）的质心速度及质心角速度；β_1、β_2、β_3 分别为三个锁爪的质心角加速度；v_{P_1} 为锁爪 1 顶端上 P_1 点在坐标系 1 中的速度；v_{P_2} 为锁爪 2 顶端上 P_2 点在坐标系 1 中的速度；v_{P_3} 为锁爪 3 顶端上 P_3 点在坐标系 1 中的速度；L 为锁爪的抓接点 P 距转轴的距离(三个锁爪的尺寸和结构均相同)。

通过构造锁爪运动学方程，可了解其运动特性，以便于后续在进行计算机动力学分析时作为参数曲线的数学理论，通过后续的仿真分析可得到其运动学参数特性。

4.3.3　被动机构运动学方程

在对接捕获过程中，假设被动端在坐标轴方向的平动为 x、y、z，绕坐标轴方向的转动转角为 θ、γ、φ，可得到被动端的平动动力学方程为

$$\begin{cases} m\left(\ddot{x} + \omega_y \dot{z} - \omega_z \dot{y}\right) = F_x \\ m\left(\ddot{y} + \omega_z \dot{x} - \omega_x \dot{z}\right) = F_y \\ m\left(\ddot{z} + \omega_x \dot{y} - \omega_y \dot{x}\right) = F_z \end{cases} \tag{4-5}$$

被动部分的平动和转动的运动学方程为

$$\begin{bmatrix} \dfrac{\mathrm{d}x}{\mathrm{d}t} \\ \dfrac{\mathrm{d}y}{\mathrm{d}t} \\ \dfrac{\mathrm{d}z}{\mathrm{d}t} \end{bmatrix} = \begin{bmatrix} V_x \\ V_y \\ V_z \end{bmatrix} \quad \begin{bmatrix} \dfrac{\mathrm{d}\theta}{\mathrm{d}t} \\ \dfrac{\mathrm{d}\gamma}{\mathrm{d}t} \\ \dfrac{\mathrm{d}\varphi}{\mathrm{d}t} \end{bmatrix} = \begin{bmatrix} \omega_x \\ \omega_y \\ \omega_z \end{bmatrix} \tag{4-6}$$

4.3.4　对接过程的接触碰撞分析

在对接过程中，由于缓冲定位销工作过程较为复杂，后面会详细介绍，本节重点介绍对接机构的三处碰撞分析，即三个锁爪与 V 型槽的碰撞分析、三个锁爪与匹配器底面的碰撞分析，以及匹配器底面与服务航天器末端平台的碰撞分析。

1. 三个锁爪与 V 型槽的碰撞分析

三个锁爪与 V 型槽的碰撞总体描述如图 4-23 所示。图中，Σ_P 和 Σ_F 为锁爪中心坐标投影的法平面内的中心坐标之和。

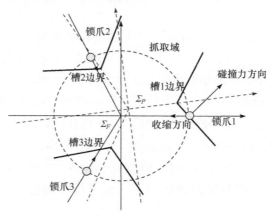

图 4-23　三个锁爪与 V 型槽的碰撞总体描述

对每个时刻三个锁爪在匹配器坐标系下的位置取 x、y 方向坐标，即将锁爪投影到其所在的法平面内。以锁爪 1 为例，设其在法平面内为 A 点，V 型槽两个侧面分别为 BE 和 BF，令 BA 与 BE 的夹角为 θ_1，BA 与 BF 的夹角为 θ_2，通过讨论 θ_1、θ_2 与 V 型槽半角 β 的关系，判断锁爪与 V 型槽的哪个侧面相碰，并计算出侵入量，如图 4-24 所示。

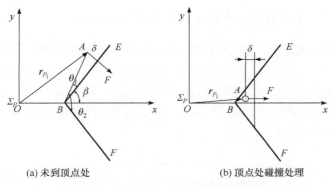

(a) 未到顶点处　　　　　(b) 顶点处碰撞处理

图 4-24　锁爪与 V 型槽碰撞分析图

碰撞分析结果为：若 $\theta_1 > 2\beta$，则锁爪与 BF 边相碰，侵入量为 $\delta = |AB|\sin\theta_2$；若 $\theta_2 > 2\beta$，则锁爪与 BE 边相碰，侵入量为 $\delta = |AB|\sin\theta_1$；否则，锁爪处于 BE 与 BF 之间，表明未发生碰撞。其他两锁爪以此类推。

2. 三个锁爪与匹配器底面的碰撞分析

在锁爪与 V 型槽的碰撞分析中，计算三个锁爪在匹配器坐标系内的位置向量，其中 z 轴方向分量将用于锁爪与匹配器底面碰撞检测，如图 4-25 所示。

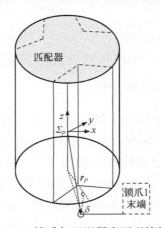

图 4-25　锁爪与匹配器底面碰撞检测

令匹配器高度为 h，锁爪 1 在匹配器坐标系中的位置 z 轴分量为 $^{z}r_{P_3}$，则侵入量为

$$\delta = {}^{z}r_P - h/2 \tag{4-7}$$

其他两锁爪以此类推。

3. 匹配器底面与服务航天器末端平台的碰撞分析

对接即将结束时匹配器底面与机械臂末端平台发生碰撞，在匹配器底面上沿圆周取 36 个点，将其位置分别表示在匹配器坐标系下，通过坐标转换得到各点在末端坐标系下的位置向量，进而求出侵入量，计算碰撞力，模拟匹配器底面与末端平台的碰撞接触，如图 4-26 所示，对机构模型位置向量进行标定。匹配器底面与末端平台侵入量为

$$\delta = 0.14 - {}^{z}r_{eP} \tag{4-8}$$

底面选取的所有点均按此方法计算侵入量，进而计算碰撞力。

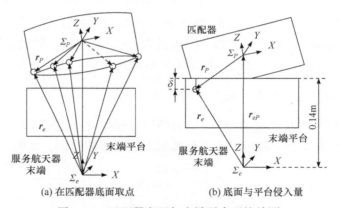

(a) 在匹配器底面取点　　　　(b) 底面与平台侵入量

图 4-26　匹配器底面与末端平台碰撞检测

4.3.5　锁爪碰撞力与缓冲动力学分析

针对接触力问题的研究，Hertz 理论是得到广泛应用的一种经典理论，此理论包括两大基本内容，第一部分内容是基于微观的分析，此部分内容采用固体力学及有限元分析这两部分理论来分析物体应力-应变的分布情况；第二部分内容是基于宏观的分析，此部分内容利用简化方法来简化接触区域的接触点，以得到系统总体受局部接触力的影响效果，而航天对接过程的动力学明显属于宏观分析范畴[18-24]。

　　针对本书接触类型分析，在进行对接操作时，锁爪与 V 型槽之间、锁爪与匹配器底面之间、匹配器底面与末端平台之间，由于接触力作用，在接触点处会产生局部变形。假设接触变形量为沿接触点公法线方向 n 的相互侵入量，同时采用建立在弹性理论基础上的 Hertz 接触力模型[25-29]，将接触过程中存在的能量消耗视为由材料阻尼引起的，则碰撞力为

$$F_c = K_c \delta n + C_c \delta n \tag{4-9}$$

式中，K_c 为接触碰撞刚度系数；C_c 为接触碰撞阻尼系数。

　　缓冲件安装于被动部分，由三个缓冲机构构成，均布于被动体的下平台上，假设弹簧 K_i（$i=1, 2, 3$）作用于主动部分上接触点的初始坐标为 (a_{i0}, b_{i0}, c_{i0})，在进行缓冲过程中的某一时刻 t，接触点的坐标为 (x_t, y_t, z_t)，则有以下方程：

$$\begin{bmatrix} x_t \\ y_t \\ z_t \end{bmatrix} = \begin{bmatrix} x \\ y \\ z \end{bmatrix} + \begin{bmatrix} a_{i0} \\ b_{i0} \\ c_{i0} \end{bmatrix} \tag{4-10}$$

坐标变化矩阵 R 为

$$R = \begin{bmatrix} \cos\theta & \sin\theta & 0 \\ -\sin\theta & \cos\theta & 0 \\ 0 & 0 & 1 \end{bmatrix} \begin{bmatrix} \cos\gamma & 0 & -\sin\theta \\ 0 & 1 & 0 \\ \sin\gamma & 0 & \cos\gamma \end{bmatrix} \begin{bmatrix} 1 & 0 & 0 \\ 0 & \cos\varphi & \sin\varphi \\ 0 & -\sin\varphi & \cos\varphi \end{bmatrix} \tag{4-11}$$

$$R = \begin{bmatrix} \cos\psi\cos\theta & \sin\theta & -\sin\psi\cos\theta \\ \sin\varphi\sin\psi - \cos\varphi\cos\psi\sin\theta & \cos\varphi\cos\theta & \sin\varphi\cos\psi + \cos\varphi\sin\psi\sin\theta \\ \cos\varphi\sin\psi + \sin\varphi\cos\psi\sin\theta & -\sin\varphi\cos\theta & \cos\varphi\cos\psi - \sin\varphi\sin\psi\sin\theta \end{bmatrix} \tag{4-12}$$

设弹簧的刚度为 K，则有

$$F_t = F_0 - K\left(\sqrt{x_t^2 + y_t^2 + z_t^2} - a_{i0}\right) \tag{4-13}$$

由此得到约束方程为

$$\begin{cases} F_x = \sum_1^3 F_t = \sum_1^3 \dfrac{x_t}{\sqrt{x_t^2 + y_t^2 + z_t^2}} F_t \\[3mm] F_y = \sum_1^3 F_t = \sum_1^3 \dfrac{y_t}{\sqrt{x_t^2 + y_t^2 + z_t^2}} F_t \\[3mm] F_z = \sum_1^3 F_t = \sum_1^3 \dfrac{z_t}{\sqrt{x_t^2 + y_t^2 + z_t^2}} F_t \end{cases} \tag{4-14}$$

缓冲装置所产生的力矩 T 的分量为

$$\begin{cases} M_{t\theta} = -M_{0\theta} - K_\theta \varphi_3 - C_\theta \dot{\varphi}_3 \\ M_{t\varphi} = -M_{0\varphi} - K_\varphi \gamma_3 - C_\varphi \dot{\gamma}_3 \\ M_{t\gamma} = -M_{0\gamma} - K_\gamma \theta_3 - C_\gamma \dot{\theta}_3 \end{cases} \tag{4-15}$$

式中，M 为缓冲系统的等效预紧力矩分量；K 为等效刚度；C 为等效阻尼。

参 考 文 献

[1] 于洋涛. 基于虚拟样机的小型通用快速自主对接机构研究[D]. 哈尔滨: 哈尔滨理工大学, 2006.

[2] Dai Y, Zhang H B, Qi Y S. Recent patents on valve mechanism device[J]. Recent Patents on Mechanical Engineering, 2020, 13(3): 230-241.

[3] Dai Y, Xiang C F, Qu W Y, et al. A review of end-effector research based on compliance control[J]. Machines, 2022, 10(2): 100.

[4] 赵明军. 小型卫星对接机构地面六自由度试验台关键技术研究[D]. 哈尔滨: 哈尔滨理工大学, 2011.

[5] 张元, 范长珍. 复合式对接试验台构型及动力学分析[J]. 哈尔滨理工大学学报, 2018, 23(1): 7-12.

[6] Zhang Y, Wang Y Y, Song Y, et al. Kinematics analysis and simulation of small satellite docking mechanism end executor[J]. Applied Mechanics and Materials, 2014, 487: 460-464.

[7] 张瀚博. 空间桁架在轨组装机器人设计与重构策略研究[D]. 哈尔滨: 哈尔滨理工大学, 2020.

[8] 范长珍. 复合姿态对接试验台构型优化及关键部件可靠性分析[D]. 哈尔滨: 哈尔滨理工大学, 2017.

[9] Dai Y, Liu Z X, Qi Y S, et al. Spatial cellular robot in orbital truss collision-free path planning[J]. Mechanical Sciences, 2020, 11(2): 233-250.

[10] 张元, 孙丽丽, 王健, 等. 新型六自由度运动模拟器及其性能测试[J]. 哈尔滨理工大学学报, 2014, 19(4): 38-43.

[11] 吕晶薇, 高语斐, 戴野, 等. 异类细胞单元构型策略与装配研究[J]. 哈尔滨理工大学学报, 2021, 26(6): 55-65.

[12] 张元. 空间对接机构及六自由度仿真试验台研究[D]. 哈尔滨: 哈尔滨理工大学, 2017.

[13] Zhang Y, Shao J P, Wang P, et al. Non-fragile reliable control law with the D-stability of a claw-shaped docking mechanism based on kinetic analysis[J]. Journal of Computational and Theoretical Nanoscience, 2016, 13(3): 1584-1592.

[14] Dai Y, Xiang C F, Zhang Y, et al. A review of spatial robotic arm trajectory planning[J]. Aerospace, 2022, 9(7): 361.

[15] 张丽媛. 复合对接试验台的构型设计及稳定性分析[D]. 哈尔滨: 哈尔滨理工大学, 2016.

[16] Zhang Y, Shao J P, Zhang L Y, et al. Analysis on modeling and motion simulation based on manipulator end executor of small satellite during the grasping process[J]. International

Journal of Smart Home, 2015, 9(10): 125-132.

[17] Zhang Y, Sun L L, Lai Y N, et al. Dynamics and attitude error analysis for dock test system of small satellite[J]. Transactions of Nanjing University of Aeronautics and Astronautics, 2015, 32(4): 372-379.

[18] 周丽丽. 新型捕获对接机构仿真分析与试验研究[D]. 哈尔滨: 哈尔滨理工大学, 2015.

[19] Zhang Y, Zhou L L, Wang J, et al. Research on dynamics simulation of buffering process of docking mechanism[J]. Applied Mechanics and Materials, 2014, 701-702: 748-752.

[20] Dai Y, Gao Y F, Wen W J. Recent patents for space docking mechanism[J]. Recent Patents on Mechanical Engineering, 2021, 14(2): 164-174.

[21] 张元, 孙丽丽, 胡乃文, 等. 小型卫星立式对接测试平台的动力学分析[J]. 哈尔滨理工大学学报, 2014, 19(2): 6-11.

[22] Zhang Y, Wang J, Song Y, et al. Dynamic simulation analysis for docking mechanism of on-orbit-servicing satellite[J]. Applied Mechanics and Materials, 2014, 487: 313-318.

[23] Dai Y, Xiang C F, Liu Z X, et al. Modular robotic design and reconfiguring path planning[J]. Applied Sciences, 2022, 12(2): 723.

[24] 王健. 在轨对接平台新型抓持机构设计与动力学仿真分析[D]. 哈尔滨: 哈尔滨理工大学, 2014.

[25] 孙丽丽. 立式对接测试平台的分析设计与试验研究[D]. 哈尔滨: 哈尔滨理工大学, 2014.

[26] 王盈盈. 小型卫星机械臂末端执行器抓接机构设计及仿真分析[D]. 哈尔滨: 哈尔滨理工大学, 2014.

[27] 戴野. 小型通用自主对接机构设计及试验研究[D]. 哈尔滨: 哈尔滨理工大学, 2006.

[28] 刘朝旭. 空间在轨桁架细胞机器人衍生构型分析及路径规划[D]. 哈尔滨: 哈尔滨理工大学, 2021.

[29] Lai Y N. Design of an automatic autonomous mini prone-cone microsatellite docking mechanism[J]. Chinese Journal of Mechanical Engineering, 2010, 23(3): 353.

第5章 收-拉三爪式对接机构的关键部件 有限元分析与优化设计

优化设计是由综合数学中最优化理论和工程设计领域发展起来的一门新型学科，在处理工程设计问题时，需要在众多方案中选用最优解，也就是尽可能找到最优设计方案，这样才更有利于提高解决工程设计问题的效率。在工程技术领域，通常综合运用优化技术和有限元分析技术来实现结构优化设计，从而得到满足特定要求、功能及尺寸的最优产品，优化设计后的产品精度、准确性、功能均有明显提升。与传统设计不同，有限元优化设计能够打破传统设计范畴的制约，无须过多的假设条件与简化过程，具有巨大的市场经济效益。优化设计不断发展和进步，使工程领域中各大行业的技术和创新设计能力大大提高[1-7]。

5.1 锁爪静力学特性分析

5.1.1 锁爪有限元模型

ANSYS Workbench 中模型文件的建立方式有以下三种：

(1) 在 Workbench 中直接建模。Workbench 具有建模功能，但 DM 建模功能有限，建立复杂模型的难度大且耗费的时间多，而简单的模型可以在其中建立。

(2) 工程领域常用计算机辅助设计(computer aided design，CAD)软件，如 AutoCAD、Pro/E、UG、I-DEAS、NASTRAN 等软件，都能与 ANSYS Workbench 进行数据共享。利用数据接口，通过文件格式的转化进行导入，可将 CAD 软件中的几何模型准确地传输到 ANSYS Workbench 中，通过必要的修改可准确在模型上进行网格划分，最终求解，这样可以节省很多时间，大大提高设计任务的工作效率。在三维建模软件中建立好模型后，另存导出后缀为"*.igs"或"*.x-t"的格式，这类格式的文件可以直接导入 Workbench 中，此方法可以解决 ANSYS Workbench 对复杂模型建模能力差的问题。但转换格式导入过程中会出现文件数据传递时模型参数丢失的问题，因此该方法多适用于基本分析，在进行协同优化设计时不宜采用。

(3) 三维建模软件和 DM 模块协同使用，对需要进行优化的模型在三维软件中建立装配，然后导入 DM 模块中，进而在 DM 环境下进一步对需要进行优化的模型进行参数化建模，以得到准确的模型，实现参数化[8-12]。

本节针对锁爪进行静力学分析，可以在 ANSYS Workbench 中直接建立模型，也可以通过三维建模软件建立模型后导入，锁爪的结构并不复杂，容易建模。本节选用在 ANSYS Workbench 中直接建立锁爪模型的方法，建好的模型如图 5-1 所示。

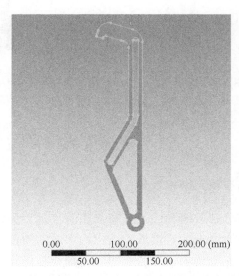

图 5-1   在 ANSYS Workbench 中直接建立的锁爪模型

5.1.2   锁紧后静载荷作用分析

捕获机构在捕获对接成功后，锁爪作为机构捕获时的关键部件，需要分析它在锁紧保持过程中受到最大载荷时的相关静力学特性。经过分析得到的锁爪在受到极限载荷 1200N 作用时的位移分布云图和应力分布云图，如图 5-2 所示。

由上述锁爪位移分布云图和应力分布云图可知，锁爪在受到极限载荷时的最大变形量为 5.0483mm，最大应力为 270.67MPa。锁爪应力集中主要发生在滑道两侧的薄壁及锁爪顶部位置，需要对锁爪进行结构优化设计，以提高其静力学特性，通过增加辅助结构可以满足最终强度要求。通过结构优化设计来降低最大应力，以保证构件符合安全可靠性的要求。

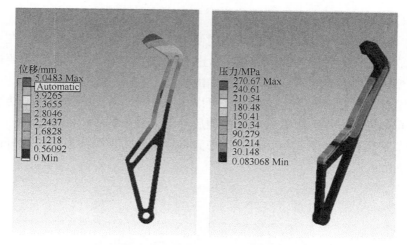

(a) 锁爪位移分布云图　　　　　　　　(b) 锁爪应力分布云图

图 5-2　锁爪静力学特性图

5.2　锁爪结构优化设计

5.2.1　模型参数化与有限元网格划分

　　根据锁爪的位移分布云图和应力分布云图的分析，优化设计主要是加强锁爪的强度，以满足应力要求，对锁爪的结构增加辅助加强筋设计，可以使锁爪的最大弯曲应力满足安全要求，加强筋的尺寸设计是优化设计的主要内容，包括筋的宽度、厚度等，这些尺寸均是可控尺寸，可作为本优化模型的设计变量。设计变量分别用 P1-plane4.H3、P2-plane4.H33、P3-Extrude5.FD1 和 P4-Extrude8.FD1 来表示，设计变量的分布位置如图 5-3 所示[13-17]。

　　在 ANSYS Workbench 的 DM 环境下对加强筋结构进行参数化建模，为了抑制或消除对实际问题分析无影响的模型特征，需要简化模型，进而使模型特征数减小，使网格特征数降低，这样可以大大缩短分析时间。针对三爪式对接机构的锁爪优化设计，忽略锁指进而简化模型。每个设计变量都有上下极限取值范围，设计变量选用情况如表 5-1 所示。

　　利用有限元法进行计算分析的步骤主要包括三部分：①前处理；②应用求解器求解；③后处理结果。有限元优化设计流程如图 5-4 所示。在机械工程领域相关的设计过程中，利用有限元法处理问题具有很大的优越性。

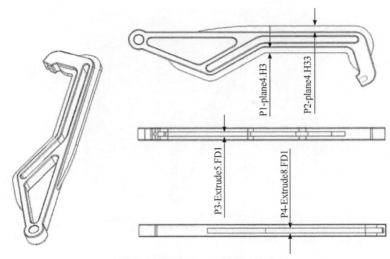

图 5-3　设计变量分布位置

表 5-1　设计变量选用情况

设计变量	初始选用值/mm	参考取值范围/mm
P1-plane4.H3	5	4.5～8
P2-plane4.H33	5	4.5～8
P3-Extrude5.FD1	4	3～8
P4-Extrude8.FD1	4	3～8

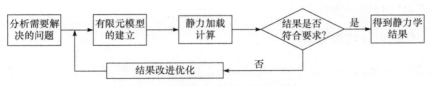

图 5-4　有限元优化设计流程

在优化设计过程中，网格划分的合理性对分析结果的精确性有影响，网格划分要考虑相关的基本因素，包括网格密度、网格数量、单元阶次分布、网格质量等，这些因素都会对计算精度及计算量产生直接影响，网格划分时分割单元尺寸越小，计算工作时间越长，但分析结果就会越精确[18-23]。为了实现分析结果与工作时间的相互协同，参照现有相关文献中对网格选取的情况，本节在划分网格时选取的网格单元尺寸为 5mm×5mm。在优化设计中对问题进行简化，得到锁爪在 ANSYS Workbench 中网格划分后的结构示意图如图 5-5 所示。

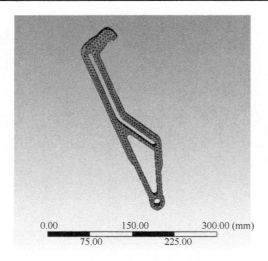

0.00　　　　　150.00　　　　　300.00 (mm)
　　　75.00　　　　　225.00

图 5-5　网格划分后的结构示意图

5.2.2　边界条件设定

　　边界条件的设定非常关键，所分析结构的约束条件及施加的力应保证操作无误。对结构进行优化设计，首先要确定最不利的工况，计算在这种工况下构件所产生的最大内力和阻力，并将其作为设计依据。三爪式对接机构在整个捕获过程中的锁爪受力情况是随时间变化的，在整个交会对接的过程中，完成捕获任务最终的锁紧状态时，锁爪可承受的最大的力要求为 1200N，故在运动过程中对整个机构进行受力分析，可以得出单独一个锁爪所承受的力，以及相关的接触条件和边界条件[24-26]。

5.2.3　优化设计结果分析

　　ANSYS Workbench 中的 Mechanical 模块可以对模型进行后处理分析，通过分析可以得到有关性能参数的结果。本节主要分析锁爪本身的力学性能，包括机构的刚度和等效应力。在捕获对接成功后，锁紧保持，锁爪承受很大的静拉力作用，其在此静拉力作用下会发生显著的弹性变形，变形量可以体现锁爪的刚度，捕获对接机构的关键部件(锁爪)的刚度直接影响整个机构的性能。利用 ANSYS Workbench 中的 Design Explorer 模块可以实现优化设计分析，需要借助响应面(线)进行，软件先把有限个设计点拟合成响应曲面(线)，然后使用目标驱动优化(goal driven optimization，GDO)技术来创建一组最佳的设计点，即最优解，可以观察响应曲线和响应曲面关系图。锁爪结构加强筋优化参数变化与变形关系如图 5-6 所示。其中，设计变量变化对应的响应曲面关系如图 5-7 和

图 5-8 所示。

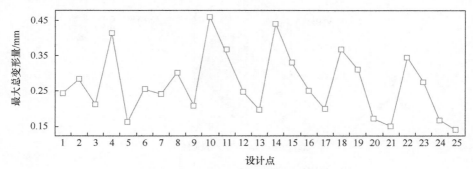

图 5-6 设计点与最大整体变形关系

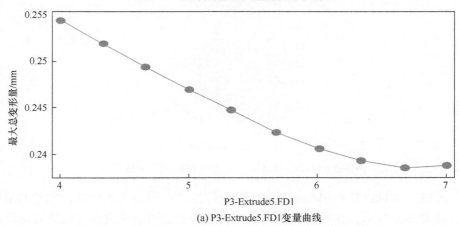

(a) P3-Extrude5.FD1变量曲线

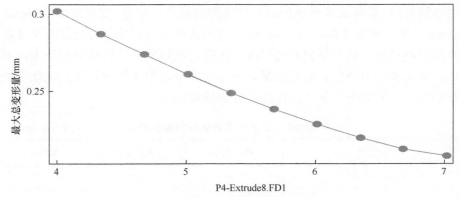

(b) P4-Extrude8.FD1变量曲线

图 5-7 设计点与整体变形之间 2D(二维)曲线描述

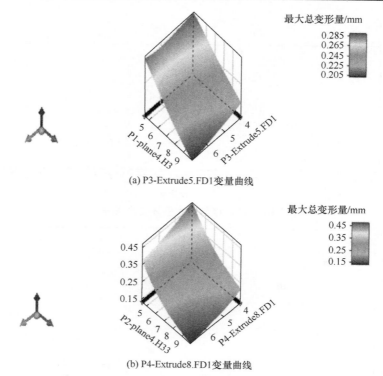

(a) P3-Extrude5.FD1变量曲线

(b) P4-Extrude8.FD1变量曲线

图 5-8　设计点与整体变形之间 3D(三维)曲线描述

　　经过在 ANSYS Workbench 中优化设计操作，得到所优化结构尺寸的最优解，如表 5-2 所示，并得到优化结果响应点的示意图。从表中可以读取优化结果的取值情况，最终选定所增加加强筋结构的最优尺寸为：宽度增加 7.25mm 和 7.05mm，厚度增加 5.5mm 和 5.4mm。得到最优解后对优化后的结构尺寸进行静力学分析验证，进而得到验证显示，优化后的锁爪力学特性分布分为两类，即位移分布和应力分布，分布情况如图 5-9 所示。与优化前相比，优化后的应力减小为 49.052MPa，最大位移减小为 0.39561mm。

表 5-2　变量优化处理后的最优解 　　　　　　(单位：mm)

设计变量	响应点 1	响应点 2	响应点 3
P1-plane4.H3	7.25	7.6078	7.25
P2-plane4.H33	7.25	7.25	7.0455
P3-Extrude5.FD1	5.5	5.7146	5.5
P4-Extrude8.FD1	5.5	5.5	5.369

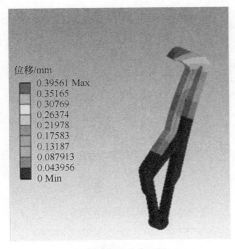

(a) 锁爪位移分布云图

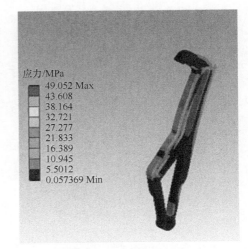

(b) 锁爪应力分布云图

图 5-9　锁爪优化后的力学特性图

通过对锁爪结构进行一系列的优化设计分析，并反复验证所求解最优值的受力情况，得出优化后的带有加强筋的锁爪满足强度要求，强度有所改善，符合设计功能要求，因此证明优化设计合理有效。

5.2.4　锁爪优化模态分析

与静力学分析不同，结构动力学分析用来求解随时间变化载荷对结构的影响情况。模态可以描述机构固有的振动特性情况。作为一种数学方法，模态分析用于研究结构动力学特性，是进行谱分析与谐响应分析和瞬态动力学分析的前期基础。通过模态分析可以获得设计结构和各个组件的振动特性情况，得到相应的固有频率与振型结果。这些参数可以作为设计承载动载荷时的参考依据。针对机械结构共振情况，研究此类问题时通常只考虑低阶次振型即可，只需要提取锁爪的前六阶模态振型情况，各阶振型如图 5-10 所示。

由图 5-10 可以看出锁爪在前六阶模态下的振动情况，还可以看出优化后的锁爪各阶振动情况分布。锁爪的第一阶固有频率为 771.09Hz，机构固有频率随着振阶级数的增加而增大。考虑到锁爪运动时的动态扰动因素主要来自于步进电机，驱动电机的转速范围为 600～3000r/min，同时激振频率为 100～180Hz，而捕获机构的锁爪的第一阶固有频率为 771.09Hz，数值高于激振频率段，即优化后的锁爪在工作过程中，不会因对接碰撞过程中产生的振动而发生共振现象。

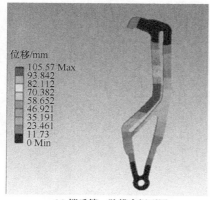

(a) 锁爪第一阶模态振型图

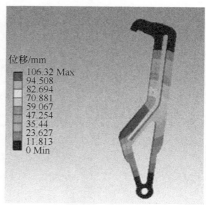

(b) 锁爪第二阶模态振型图

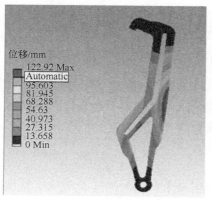

(c) 锁爪第三阶模态振型图

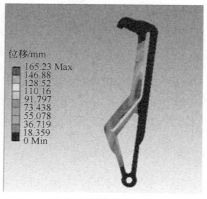

(d) 锁爪第四阶模态振型图

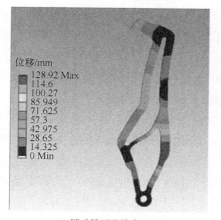

(e) 锁爪第五阶模态振型图

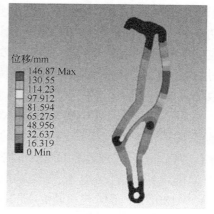

(f) 锁爪第六阶模态振型图

图 5-10 锁爪的前六阶模态振型图

参 考 文 献

[1] 周丽丽. 新型捕获对接机构仿真分析与试验研究[D]. 哈尔滨: 哈尔滨理工大学, 2015.

[2] Dai Y, Xiang C F, Zhang Y, et al. A review of spatial robotic arm trajectory planning[J]. Aerospace, 2022, 9(7): 361.

[3] Dai Y, Xiang C F, Qu W Y, et al. A review of end-effector research based on compliance control[J]. Machines, 2022, 10(2): 100.

[4] 张丽媛. 复合对接试验台的构型设计及稳定性分析[D]. 哈尔滨: 哈尔滨理工大学, 2016.

[5] 张元, 范长珍. 复合式对接试验台构型及动力学分析[J]. 哈尔滨理工大学学报, 2018, 23(1): 7-12.

[6] Dai Y, Xiang C F, Liu Z X, et al. Modular robotic design and reconfiguring path planning[J]. Applied Sciences, 2022, 12(2): 723.

[7] Zhang Y, Wang J, Song Y, et al. Dynamic simulation analysis for docking mechanism of on-orbit-servicing satellite[J]. Applied Mechanics and Materials, 2014, 487: 313-318.

[8] 范长珍. 复合姿态对接试验台构型优化及关键部件可靠性分析[D]. 哈尔滨: 哈尔滨理工大学, 2017.

[9] Dai Y, Liu Z X, Qi Y S, et al. Spatial cellular robot in orbital truss collision-free path planning[J]. Mechanical Sciences, 2020, 11(2): 233-250.

[10] Dai Y, Zhang H B, Qi Y S. Recent patents on valve mechanism device[J]. Recent Patents on Mechanical Engineering, 2020, 13(3): 230-241.

[11] 张元. 空间对接机构及六自由度仿真试验台研究[D]. 哈尔滨: 哈尔滨理工大学, 2017.

[12] Zhang Y, Shao J P, Wang P, et al. Non-fragile reliable control law with the D-stability of a claw-shaped docking mechanism based on kinetic analysis[J]. Journal of Computational and Theoretical Nanoscience, 2016, 13(3): 1584-1592.

[13] Lai Y N. Design of an automatic autonomous mini prone-cone microsatellite docking mechanism[J]. Chinese Journal of Mechanical Engineering, 2010, 23(3): 353.

[14] 刘朝旭. 空间在轨桁架细胞机器人衍生构型分析及路径规划[D]. 哈尔滨: 哈尔滨理工大学, 2021.

[15] Zhang Y, Shao J P, Zhang L Y, et al. Analysis on modeling and motion simulation based on manipulator end executor of small satellite during the grasping process[J]. International Journal of Smart Home, 2015, 9(10): 125-132.

[16] Zhang Y, Sun L L, Lai Y N, et al. Dynamics and attitude error analysis for dock test system of small satellite[J]. Transactions of Nanjing University of Aeronautics and Astronautics, 2015, 32(4): 372-379.

[17] 戴野. 小型通用自主对接机构设计及试验研究[D]. 哈尔滨: 哈尔滨理工大学, 2006.

[18] Zhang Y, Zhou L L, Wang J, et al. Research on dynamics simulation of buffering process of docking mechanism[J]. Applied Mechanics and Materials, 2014, 701-702: 748-752.

[19] 张元, 孙丽丽, 王健, 等. 新型六自由度运动模拟器及其性能测试[J]. 哈尔滨理工大学学报, 2014, 19(4): 38-43.

[20] 张元, 孙丽丽, 胡乃文, 等. 小型卫星立式对接测试平台的动力学分析[J]. 哈尔滨理工

大学学报, 2014, 19(2): 6-11.

[21] 张瀚博. 空间桁架在轨组装机器人设计与重构策略研究[D]. 哈尔滨: 哈尔滨理工大学, 2020.

[22] Zhang Y, Wang Y Y, Song Y, et al. Kinematics analysis and simulation of small satellite docking mechanism end executor[J]. Applied Mechanics and Materials, 2014, 487: 460-464.

[23] 王健. 在轨对接平台新型抓持机构设计与动力学仿真分析[D]. 哈尔滨: 哈尔滨理工大学, 2014.

[24] 孙丽丽. 立式对接测试平台的分析设计与试验研究[D]. 哈尔滨: 哈尔滨理工大学, 2014.

[25] 王盈盈. 小型卫星机械臂末端执行器抓接机构设计及仿真分析[D]. 哈尔滨: 哈尔滨理工大学, 2014.

[26] 于洋涛. 基于虚拟样机的小型通用快速自主对接机构研究[D]. 哈尔滨: 哈尔滨理工大学, 2006.

第6章 六自由度仿真试验台结构设计与工作原理

6.1 新型立式六自由度仿真试验台结构设计与工作原理

与大型对接机构相比，无论从成本、灵活性等方面来看，还是从可靠性等方面来看[1-6]，小型对接机构都具有足够的优势，能够完成大型对接机构无法适用的承载能力小、安装空间有限的小型卫星对接任务，因此具有重量轻、体积小以及结构简单等特点的小型对接机构体现出了不可替代的作用和价值[7-11]。本章在分析测试试验台功能要求的基础上，针对已研制的三爪式对接机构，对立式对接测试试验台系统进行设计，并对系统的性能指标加以说明。

6.1.1 整机结构设计与工作原理

1. 测试试验台的功能要求

测试试验台需要在地面上模拟航天器的运动姿态，它具有的功能应满足三爪式对接机构的对接要求及地面演示需求。

(1) 测试试验台应能够实现对接过程的运动学模拟。随动模拟平台分为主动运动模拟平台和被动运动模拟平台，运动过程中两部分相加可以提供六个自由度，包括三个平动自由度和绕三个轴的转动自由度(偏航、俯仰和滚转)，每个自由度在独立运动的过程中都不会引起其他自由度的耦合运动[12-16]。

(2) 配备一套摩擦力小且运动灵活的重力平衡装置，该装置能够平衡被动对接部分的重力，并在竖直方向任意位置悬停。

(3) 对接成功的标志是主/被动对接机构的接口相连且气密性良好，因此需要一套演示系统，以在对接完成后进行电、液、气演示，验证对接是否成功。

(4) 瞬态响应好且可靠性高的整机测控系统，能够对各自由度的运动进行初始化设置，实时监测运动状态并直观地显示出来。

2. 试验台的组成及功能原理

对接机构测试试验系统也称对接动力学仿真系统[17-19]，用于对空间对接机构的研制、验收和鉴定试验。为了充分扩展测试平台系统的设计空间，使系统具有更广泛的通用性和兼容性，采用模块化的思想并按照功能要求，将对接测试试验台系统划分为若干个功能子系统，系统的功能框架如图 6-1 所示。

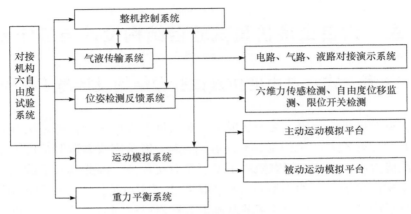

图 6-1　系统功能框架

整个系统由五大子系统组成，即运动模拟系统、重力平衡系统、位姿检测反馈系统、气液传输系统以及整机控制系统。运动模拟系统分为被动运动模拟平台和主动运动模拟平台，位姿检测反馈系统由各个自由度的传感器和角度尺等部件构成，如旋转编码器和位移光栅尺，它们将自由度的数据信号反馈到控制系统中。六维力传感检测装置采用砝码和力臂方法检测对接机构的抓接力，以判断对接是否结束。

试验台可完成六个自由度的运动，分为上、下两个部分，分别为被动测试台和主动测试台，如图 6-2 所示。被动测试台用于安装被动对接机构，可实现绕 z 轴的转动(偏航)、绕 x 轴的转动(滚转)、绕 y 轴的转动(俯仰)以及 z 向的竖直运动，主要由牵引配重装置 5、移动端 1、旋转吊架 3、球关节轴承 4 等组成；主动测试台用于安装主动对接机构，可以实现沿 x、y 方向的水平运动，主要由双层导轨移动座等组成。

测试过程如下：

(1) 将主动对接机构和被动对接机构分别安装在主动测试台和被动测试台的对接法兰上。

(2) 根据初始对接条件对试验台的六个自由度进行定位。首先手动调整被动测试台的竖直位移，增加或减少配重来实现被动测试台 z 方向的平衡，模拟失重效果，调整球关节轴承的转角达到滚转或俯仰运动的平衡，控制电机旋转测试台的偏航角度进行初始化设定，主动测试台的 x、y 方向的水平移动也通过电机驱动双层滑台到初始位置，初始位姿设定后，测试试验台系统应处于随动状态。

(3) 开始对接时, 主动对接机构的三个锁爪处于完全张开状态, 在对接机构电机的驱动下完成对接机构的接触、捕获, 最后实现对接。

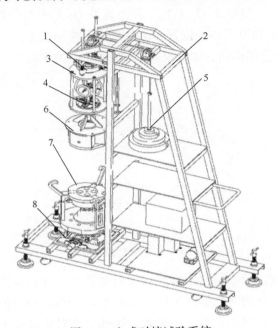

图 6-2 立式对接试验系统

1-移动端; 2-架体; 3-旋转吊架; 4-球关节轴承; 5-牵引配重装置; 6-被动对接机构; 7-主动对接机构; 8-移动座

6.1.2 吊装式四自由度运动模拟器结构设计

运动模拟系统从结构上可分为气浮台和机械伺服台。目前较成熟的应用于对接试验的运动模拟器有基于 Stewart 机构的运动模拟器和气浮五自由度运动模拟器, 分别对应半物理仿真试验和全物理仿真试验[20-23]。Stewart 机构试验的逼真度高, 但是它的并联闭环结构导致其具有工作空间小、存在奇异位置等缺点[24,25]。本节参考现有的三爪式对接机构的性能参数, 设计出一种简约型试验平台。

1. 六自由度实现原理

根据试验平台对六自由度运动的功能要求, 本节提出一种新型结构设计, 该设计使各自由度可独立控制, 机构只需完成简单的移动或旋转运动, 并且简化了测控系统。

试验平台从结构上分为目标运动模拟器和追踪运动模拟器[26,27]。在太空失重的条件下，两个运动模拟器对接实际上是一个 12 自由度的动力学过程，这对于整个对接系统，增加了测量和位姿控制的难度。如图 6-3 所示，坐标系 O-XYZ 为地面坐标系，坐标系 O_1-$X_1Y_1Z_1$ 和坐标系 O_2-$X_2Y_2Z_2$ 分别用于描述主动运动模拟器和被动运动模拟器的位置，其中 Z 轴反映偏航方向，ψ 为偏航角；Y 轴反映俯仰方向，ϕ 为俯仰角；X 轴反映滚转方向，θ 为滚转角。

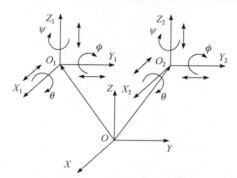

图 6-3　位置和姿态坐标系

利用运动模拟器的相对位置和相对姿态关系对运动自由度进行简化。对于空间机构，代表姿态的两组姿态矩阵是互逆矩阵，两运动模拟器的位姿关系可以简化成一组位置参数和一组姿态参数。因此，在对接试验中，存在一种六自由度的结构，用它来描述两运动模拟器的位姿关系，设六自由度运动模拟器坐标系如图 6-4 所示，将三维平动分散在两个运动模拟器上，三轴转动集中在目标运动模拟器上，其中追踪运动模拟器实现 X、Y 方向的平动自由度，为二自由度运动模拟器；目标运动模拟器能够实现 X、Y、Z 三轴转动和 Z 方向移动，为四自由度运动模拟器。

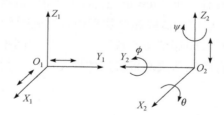

图 6-4　六自由度运动模拟器坐标系

容易得到简洁的空间转换关系的表达式，目标运动模拟器绕 Z 轴的旋转变换关系如图 6-5 所示，设 (x, y, z) 为任意点 A 在参考坐标系 O-XYZ 中的坐标，旋转 γ 角度后，点 A 在坐标系 O'-$X'Y'Z'$ 中的坐标为 (x', y', z')，由此得到旋转后

点 A 的状态方程为

$$\begin{cases} x' = Az' = (Az - Bz)\cos\gamma = x\cos\gamma - z\sin\gamma \\ z' = OB + Bz' = z/\cos\gamma + (x - z\tan\gamma)\sin\gamma \\ \quad = x\sin\gamma + z\cos\gamma \\ y' = y \end{cases}$$ (6-1)

式(6-1)用矩阵的形式可以表示为

$$\begin{bmatrix} x' \\ y' \\ z' \end{bmatrix} = T'\begin{bmatrix} x \\ y \\ z \end{bmatrix} = \begin{bmatrix} \cos\gamma & 0 & -\sin\gamma \\ 0 & 1 & 0 \\ \sin\gamma & 0 & \cos\gamma \end{bmatrix}\begin{bmatrix} x \\ y \\ z \end{bmatrix}$$ (6-2)

式中，T' 为旋转 γ 角度后的变换矩阵。

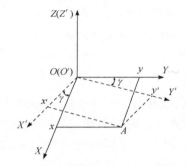

图 6-5　目标运动模拟器绕 Z 轴坐标转换

参考上述方法，得到绕 X、Y 轴旋转 α、β 后的坐标变化方程，如式(6-3)和式(6-4)所示：

$$\begin{bmatrix} x' \\ y' \\ z' \end{bmatrix} = \begin{bmatrix} 1 & 0 & 0 \\ 0 & \cos\alpha & \sin\alpha \\ 0 & -\sin\alpha & \cos\alpha \end{bmatrix}\begin{bmatrix} x \\ y \\ z \end{bmatrix}$$ (6-3)

$$\begin{bmatrix} x' \\ y' \\ z' \end{bmatrix} = \begin{bmatrix} \cos\beta & \sin\beta & 0 \\ -\sin\beta & \cos\beta & 0 \\ 0 & 0 & 1 \end{bmatrix}\begin{bmatrix} x \\ y \\ z \end{bmatrix}$$ (6-4)

刚体的九个姿态坐标中只有三个是独立的，描述运动刚体的姿态仅需要三个姿态坐标即可，但这样的随意性大，且三个姿态坐标的物理意义不大。通常描述运动物体姿态的方法主要有方向余弦法、欧拉角法和四元数法。方向余弦法的计算量较大，且几何图像概念不明显，工程上不实用；四元数法对有限转动的补偿不够，只适用于低动态运载体的姿态解算；欧拉角法具有简便、几何意义明显等优点，因此本书根据欧拉定理，采用下述方法来定义刚体的姿态坐标。

根据欧拉转动定理，一个刚体在三维空间的取向可以通过三个欧拉角的旋转设定，刚体转动的空间位置可以分解为三个连续的转动。设定 x、y、z 坐标轴为静止的实验室参考轴，X、Y、Z 坐标轴为旋转刚体的坐标轴，Oxy 平面与 OXY 平面的交线用 N 表示，根据 z—x—Z 顺序的欧拉角转动定理，得到在右手笛卡儿坐标系中的主动旋转矩阵为

$$
\begin{aligned}
&M(\alpha,\beta,\gamma) \\
&= R_z(\alpha)R_x(\beta)R_z(\gamma) \\
&= \begin{bmatrix} \cos\alpha & \sin\alpha & 0 \\ -\sin\alpha & \cos\alpha & 0 \\ 0 & 0 & 1 \end{bmatrix} \begin{bmatrix} 1 & 0 & 0 \\ 0 & \cos\beta & \sin\beta \\ 0 & -\sin\beta & \cos\beta \end{bmatrix} \begin{bmatrix} \cos\gamma & \sin\gamma & 0 \\ -\sin\gamma & \cos\gamma & 0 \\ 0 & 0 & 1 \end{bmatrix} \\
&= \begin{bmatrix} \cos\alpha\cos\gamma - \cos\beta\sin\alpha\sin\gamma & -\cos\beta\cos\gamma\sin\alpha - \cos\alpha\sin\gamma & \sin\alpha\sin\beta \\ \cos\gamma\sin\alpha + \cos\alpha\cos\beta\sin\gamma & \cos\alpha\cos\beta\cos\gamma & -\cos\alpha\sin\beta \\ \sin\beta\sin\gamma & \cos\gamma\sin\beta & \cos\beta \end{bmatrix}
\end{aligned}
\tag{6-5}
$$

式中，γ 为自旋角，是交点线与 X 轴的夹角，表示航天器绕法线做自旋运动的角度；β 为章动角，是 z 轴与 Z 轴的夹角，表示航天器对于水平面的倾斜角；α 为进动角，是 OXY 平面和 Oxy 平面的交点线与 x 轴的夹角，表示航天器倾斜的角度。

在航空工程学中，导航角又称为泰特-布莱恩角，定义导航角的三个角分别为偏航角、俯仰角和滚转角。偏航角、俯仰角和滚转角分别用符号 γ、α 和 β 来表示。

根据欧拉角两种不同的动态定义，运动模拟器的旋转矩阵可以有两种表达方式，但是从结果上来看，无论是运动模拟器绕着自身的旋转轴转动，还是始终绕着相对于地球静止的坐标系旋转，两者达到的效果是一样的。为了便于实现运动模拟器的姿态控制和检测，本节采用第一种方法，将动坐标系从当前姿态与刚体重合的位置开始转动。

2. 结构设计原则

在对接过程中，对接机构之间会相互碰撞，并发生运动的传递，因此除了要求运动装置的摩擦阻力小，还需要综合考虑对接机构的力学参数和装置的布局，从而进行模拟器的设计，方案设计中主要遵循的原则包括以下三项。

1) 结构强度和刚度高原则

由对接机构的动力学仿真可知，两运动模拟器对接的瞬间会对三维转动装置产生很大的力和力矩的作用，这将直接影响运动模拟器的结构谐振频率及整个系统的控制精度。合理的结构设计和材料类型决定转台的结构刚度，对转台实现高频响应性能起着至关重要的作用。

2) 结构布局紧凑且质量轻原则

当三维转动装置同时发生滚转、俯仰和偏航运动时，各个轴之间会发生惯量耦合、动量矩耦合等非线性现象，装置的转动惯量越大，系统的惯量模拟误差就会越大，从而难以保证系统的稳定性和动态性能。转动惯量取决于刚体的形状、质量分布和转轴的位置，因此三维转动装置的质量必须控制在一定的范围内，并要求结构设计简单、布局紧凑。

3) 通用性强原则

运动模拟器的设计架构应具有广泛的通用性和兼容性，适用于多种对接机构的对接试验。

3. 运动模拟平台结构设计

运动模拟器分为主动运动模拟器和被动运动模拟器。被动运动模拟器用于安装被动对接机构，可实现四自由度运动，即偏航运动、滚转运动、俯仰运动以及竖直方向的运动。如图 6-6 所示，被动运动模拟器主要由导向杆、移动端、旋转吊架、球关节轴承、连接法兰等组成，其上配备了竖直位移光栅尺、偏航方向旋转编码器和相应的执行机构，以及测量俯仰角和滚转角的角度尺。移动端通过牵引绳吊装在测试平台上，竖直方向通过增加或减少配重来实现受力平衡，旋转吊架和球关节轴承共同实现三个转动自由度运动。

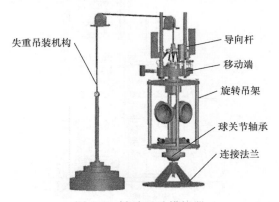

图 6-6　被动运动模拟器

　　主动运动模拟器实现 X、Y 方向的平移自由度，由十字分布的双层导轨移动座等组成，各层在运动过程中互不干涉。如图 6-7 所示，导轨采用三角截面和平面两种形式的非对称设计，以防止轨道运动轮在移动过程中有额外的侧滑动,在每个导轨的两端均安装有两套由限位支板和弹簧等组成的机械限位装置,以便在运动轮超出工作范围时起到限位和缓冲的作用。此外，其上还安装有 X、Y 方向的位移光栅尺、电机驱动装置以及电磁离合器，利用电机驱动装置及相应的光栅传感器实现各层导轨的移动和定位。在输入位移信号后，电机驱动输入轴带动齿轮发生转动，此时与齿轮相啮合的齿条产生直线运动，齿条固定于支耳板上，最后将力传递给运动轮，使其在轨道上滚动。

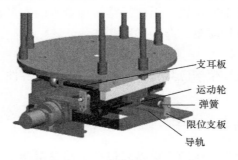

　　　　　　　　　　　　　　　　　　　　　　　支耳板

　　　　　　　　　　　　　　　　　　　　　　　运动轮

　　　　　　　　　　　　　　　　　　　　　　　弹簧

　　　　　　　　　　　　　　　　　　　　　　　限位支板

　　　　　　　　　　　　　　　　　　　　　　　导轨

图 6-7　双层导轨移动座

4. 试验过程描述

图 6-8 为测试试验台系统的整体构架简图，六自由度试验台系统模拟的是

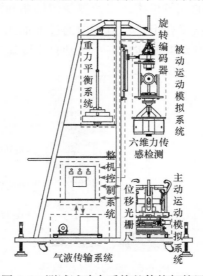

图 6-8　测试试验台系统整体构架简图

空间两对接机构的相对运动，对接机构通过法兰连接在主、被动运动模拟平台上，平台各个自由度的运动直接传递到对接机构上。运动平台的质量和转动惯量、对接的初始位姿，以及接触瞬间相互接近的速度和位姿偏差决定了整个对接过程能否顺利进行。

　　整个试验过程分为试验准备、设定初始条件、对接机构进行捕获(捕获过程)、演示试验、系统复位五个步骤，如图 6-9 所示。

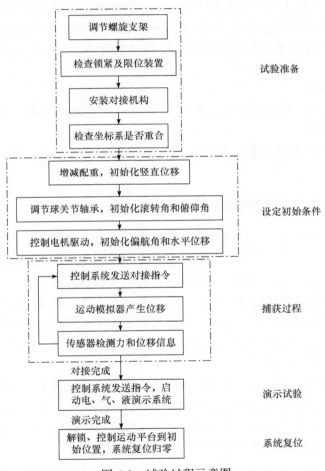

图 6-9　试验过程示意图

　　1) 试验准备

　　调整试验台的螺旋支架，使试验台保持水平；检查各个自由度的锁紧装置和机械挡块限位装置；将对接机构分别安装到主/被动对接试验平台上；检查试验台的坐标系与对接机构的坐标系是否重合。

2) 设定初始条件

安装对接机构后，按照对接初始条件将主/被动对接机构运行到相应的准备位置，调节各个机构，使随动平台上的被动对接机构处于静止状态。

3) 对接机构进行捕获

整机控制系统发出对接指令，主动对接机构开始逐渐靠近并抓紧被动对接机构。在对接过程中，主动对接机构对被动对接机构产生的抓接力传递到试验台上，使试验台上相应的机构产生运动，旋转编码器和位移光栅尺采集位移信号并传递给整机控制系统，实时监测系统的运动状态；被动对接机构上的六维力传感装置将测量值发送到对接机构控制系统中，实现对接缓冲过程，完成捕获。

4) 演示试验

对接完成后，控制系统发出指令，启动电、气、液演示系统进行演示试验。

5) 系统复位

对接机构控制系统发出控制信号，对接机构解锁，各个系统进行复位归零操作。

6.1.3　二自由度运动滑台结构设计

主动运动模拟器的双层滑移平台通过齿轮齿条啮合传动，由电机驱动实现 X、Y 两个方向上的平移运动，二自由度运动相互独立，电机的启停由控制系统通过位移反馈信息进行控制。被动运动平台由平衡组件和关节球配合，通过关节球在托碗中转动实现绕 X、Y、Z 三轴的旋转自由度。被动运动模拟器的 Z 方向移动是由绳索通过悬吊的方式来实现的，运动模拟器和配重装置分别悬吊于绳索两端，这样不仅可以实现运动模拟器沿 Z 方向的移动，同时也可以满足模拟太空失重环境的要求。

主动运动模拟器由双层滑移平台和转换机构组成。其中，双层滑移平台呈十字形布置，可实现 X、Y 两个方向的平移自由度，且二自由度运动相互独立，对接模式由垂直转换到水平模式时，主动运动模拟器沿 T 型槽轨道在 $O\text{-}XYZ$ 坐标系中沿 X 方向移动适当的距离，如图 6-10 所示。

在坐标系 $O_5\text{-}X_5Y_5Z_5$ 中，沿 X_5、Y_5 轴的移动是通过电机驱动齿轮旋转带动齿条移动实现的。通过 V 型轮与滚轮进行导向限位，在运动过程中阻力及阻力矩是由 V 型轮和滚轮与导轨间的摩擦力及系统惯性力产生的。双层滑移平台结构如图 6-11 所示。

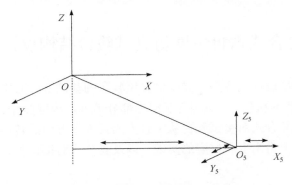

图 6-10　主动运动模拟器位姿变换

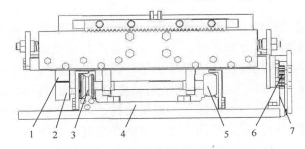

图 6-11　双层滑移平台结构

1-指示光栅；2-标尺光栅；3-V 型轮；4-滑轨座；5-滚轮；6-齿轮；7-齿条

由齿轮齿条的传动特性可知，双层滑移平台运动速度与电机转速的关系为

$$v = \frac{\pi d n}{60} \tag{6-6}$$

式中，d 为齿轮分度圆直径；n 为电机转速。

在运动过程中，滑移平台并非匀速运动，也就是说齿轮的转速是变化的，驱动电机是变速驱动，经历加速、匀速及减速的驱动历程，该平台的电机采用的是步进电机，可通过驱动器或编程控制电机输出转速，由牛顿-欧拉法得到的主动运动模拟器滑移平台的运动学方程为

$$\begin{cases} F_{\mathrm{t}} = F_{\mathrm{f}} + mv' \\ M_{\mathrm{q}} = \dfrac{1}{2} F_{\mathrm{f}} d \end{cases} \tag{6-7}$$

式中，F_{f} 为载荷分解在轴向上的作用力；M_{q} 为电机驱动力矩；F_{t} 为齿轮轴向驱动力；m 为运动部分的质量。

6.2　新型复合式六自由度仿真试验台结构设计与工作原理

试验台的构型设计主要是在立式对接试验台的基础上，对主动平台的转换机构、被动平台的转换机构、配重组件和滑道部分等进行构型设计。这四大部分的构型设计可以实现复合式对接试验台从竖直方向到水平方向的转换，与此同时，还要保证试验台各个自由度和位姿的实现，以及复合式对接试验台各个辅助部分的正常使用。

6.2.1　整机结构设计与工作原理

复合式对接试验台可分为四大部分，即运动模拟系统、重力平衡系统、位姿检测反馈系统和整机控制系统。为了使复合式对接试验台具有更广泛的兼容性和通用性，本节采用模块化的设计思想，设计出竖直和水平方向可以来回切换的对接试验台。运动模拟系统由主动运动模拟平台和被动运动模拟平台组成，分别用于安装主动部分和被动部分的抓接机构，以此来实现顺利对接，并测试其各方面的性能指标。重力平衡系统一方面平衡竖直方向的被动模拟平台，模拟失重环境进行测试；另一方面平衡水平方向对接时的吊架。这些检测信号能够被快速地反馈给整机控制系统。复合式对接试验台的组成如图 6-12 所示。

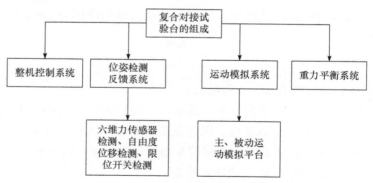

图 6-12　复合式对接试验台的组成

图 6-13 为复合式对接试验台在实现竖直方向对接时的机构平面图。

根据复合式对接试验台的设计原则和技术要求，在满足功能要求的基础上，对复合式对接试验台进行构型设计。复合式对接试验台要在竖直方向和水平方向上实现对接。在竖直方向上，主动平台的转换机构旋转到竖直方向，并通过滑道使主动平台的对接轴心和被动平台的轴心相重合。此时，被动平台的转换

机构处于竖直状态，确定好初始位置后，安装对接机构，使复合式对接试验台
在竖直方向上实现顺利对接。

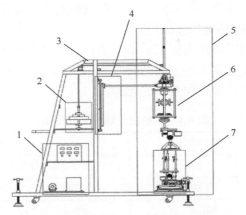

图 6-13　竖直方向对接时机构平面图

1-整机控制系统；2-重力平衡系统；3-支撑架体；4-位姿检测反馈系统；5-运动模拟系统；
6-被动平台；7-主动平台

图 6-14 为复合式对接试验台在实现水平方向对接时机构平面图。

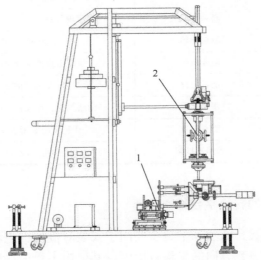

图 6-14　水平方向对接时机构平面图

1-主动平台转换机构；2-被动平台转换机构

试验台在水平方向对接时，主动平台通过滑道移动到最左端，其转换机构
旋转 90°至水平方向，通过燕尾槽上的螺母和螺栓固定，使主动平台处于固定
状态。

与此同时，复合式对接试验台的被动平台的高度由竖直方向的配重机构进行调节，使被动平台的轴心和主动平台的轴心相重合，被动平台的旋转机构旋转 90°至水平位置，调节水平方向上的配重块使左右两端质量均衡，从而在水平方向上保证对接机构顺利完成对接。

试验台的整体组成包括支撑架、被动平台、主动平台、配重组件和辅助组件等，主要是实现竖直和水平方向的对接。

系统主要组成及其作用如表 6-1 所示。

表 6-1 系统主要组成及其作用

名称	主要部件	作用
支撑架	框架	整体支撑刚性结构，各结构安装空间
	螺旋支架	调节试验台平面水平
	燕尾槽滑道	移动主动平台，并定位主动平台
被动平台	芯轴配重端 (球关节)	安装被动对接装置，实现绕 X、Y 轴转动，配重平衡被动装置
	移动端	实现 Z 方向移动
	旋转吊架	连接芯轴配重与移动端，实现 Z 向转动
	转换机构	实现竖直方向和水平方向的切换
主动平台	双层导轨	实现 X、Y 方向移动
	转换机构	实现竖直方向和水平方向的切换
	底盘组件	安装主动对接机构
配重组件	水平配重	由法兰盘、加长杆和配重块实现平衡
	竖直配重	由配重块和牵引绳轮实现平衡
辅助组件	管路连接架	连接电、液、气三路管线

6.2.2 主动对接机构转换平台结构设计

复合式对接试验台的主动平台主要用于安装对接机构主动运动模拟器，该主动平台能实现 X、Y 方向的平移自由度，其结构主要由双层导轨移动座、转换机构和底盘组件等组成。双层导轨移动座共有两层，每层的运动互不干涉，主要由电机驱动齿轮齿条运动，齿条安装在耳板上，带动主动平台的对接机构运动，因此运动呈现十字形。双层导轨移动座的导轨主要采用三角截面和平面两种形式。这种非对称设计主要是为了防止试验台在移动过程中发生运动轮侧滑现象。同时，导轨上的限位支板和弹簧可以起到限位和缓冲的作用，如图 6-15 所示。

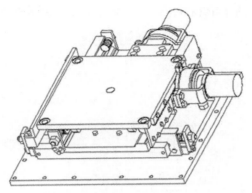

图 6-15　双层导轨示意图

主动平台转换机构的作用是把竖直方向的对接机构旋转 90°到水平方向，它主要由电机 1、蜗轮 7、蜗杆 6、齿轮 A、齿轮 B、支架支撑座 5 和限位支杆 3 等组成，如图 6-16 所示。

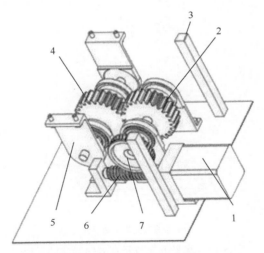

图 6-16　主动平台转换机构

1-电机；2-齿轮 A；3-限位支杆；4-齿轮 B；5-支架支撑座；6-蜗杆；7-蜗轮

主动平台转换机构的工作过程如下：电机固定在底板上，驱动蜗杆带动蜗轮旋转，与蜗轮同轴的齿轮 A 旋转，齿轮 B 与齿轮 A 相啮合，因此齿轮 B 旋转带动支架支撑座旋转 90°，即从竖直方向转到水平方向。蜗轮和蜗杆具有自锁功能，因此支架支撑座一直保持在水平方向上。支架支撑座上面连接着底盘组件和主动运动模拟器，从而实现主动平台的转换。主动平台转换机构的两种形式如图 6-17 所示，图 6-17(a)和(b)分别为水平方向的主动平台和竖直方向的主动平台。

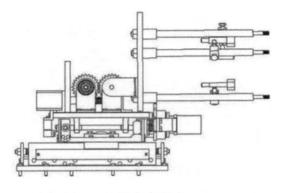

(a) 水平方向的主动平台

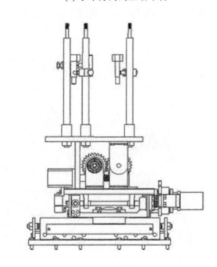

(b) 竖直方向的主动平台

图 6-17　水平方向与竖直方向的主动平台

6.2.3　被动对接机构转换平台结构设计

复合对接试验的被动平台主要用于安装被动对接机构。在对接过程中，复合式对接试验台可以实现滚转运动、偏航运动、俯仰运动三个转动自由度，以及竖直方向的平动自由度，共计四个自由度。转动角度在 0°～10°，因此滚转角、偏航角和俯仰角体现不太显著。球关节可以实现三个转动自由度，复合式对接试验台的被动平台由被动运动模拟器和转换机构等组成。被动运动模拟器主要由移动端、导向杆、球关节轴承、旋转吊架、连接法兰等组成，在其上可以安装测量位移和角度的传感器，如偏航方向旋转编码器、竖直位移光栅尺以及滚转角的角度尺等。

被动平台转换机构的作用是把竖直方向的对接机构旋转 90°到水平方向，其结构如图 6-18 所示。

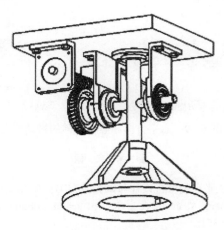

图 6-18 被动平台转换机构

在转换机构中，其驱动力主要由电机带动蜗轮和蜗杆转动，蜗杆呈十字形布置，带动中心轴转动，可以使对接机构从竖直方向转到水平方向。为了使水平对接的对接机构处于失重状态，在十字轴的一端安装一对法兰，通过延长轴的长度在水平方向上添加配重组件。只有左右两端质量均衡，对接机构才能更好地模拟对接环境，进而得到准确的数据。被动平台主要由电机、蜗轮、蜗杆、齿轮支架支撑座等组成。

被动转换机构的工作过程如下：电机固定在底板上，驱动蜗杆带动蜗轮旋转，蜗轮安装在一个十字轴上，十字轴的一端安装法兰，另一端安装加长杆。电机的驱动和蜗轮/蜗杆的自锁功能，使被动对接组件从竖直方向转到水平方向，进而实现对接。

被动平台转换机构的两种形式如图 6-19 所示，图 6-19(a)和(b)分别为水平方向的被动平台和竖直方向的被动平台。当竖直对接状态通过转换机构转为水平对接状态时，可通过法兰盘安装加长杆，并在加长杆上安装配重块，使左右两端保持平衡，近似地模拟失重状态下的对接试验。

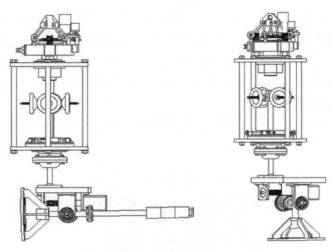

(a) 水平方向的被动平台　　　　　　　　(b) 竖直方向的被动平台

图 6-19　水平方向和竖直方向的被动平台

参 考 文 献

[1] 孙丽丽. 立式对接测试平台的分析设计与试验研究[D]. 哈尔滨: 哈尔滨理工大学, 2014.

[2] Dai Y, Xiang C F, Zhang Y, et al. A review of spatial robotic arm trajectory planning[J]. Aerospace, 2022, 9(7): 361.

[3] Zhang Y, Wang J, Song Y, et al. Dynamic simulation analysis for docking mechanism of on-orbit-servicing satellite[J]. Applied Mechanics and Materials, 2014, 487: 313-318.

[4] 刘朝旭. 空间在轨桁架细胞机器人衍生构型分析及路径规划[D]. 哈尔滨: 哈尔滨理工大学, 2021.

[5] 张丽媛. 复合对接试验台的构型设计及稳定性分析[D]. 哈尔滨: 哈尔滨理工大学, 2016.

[6] Dai Y, Xiang C F, Liu Z X, et al. Modular robotic design and reconfiguring path planning[J]. Applied Sciences, 2022, 12(2): 723.

[7] 张瀚博. 空间桁架在轨组装机器人设计与重构策略研究[D]. 哈尔滨: 哈尔滨理工大学, 2020.

[8] 范长珍. 复合姿态对接试验台构型优化及关键部件可靠性分析[D]. 哈尔滨: 哈尔滨理工大学, 2017.

[9] Dai Y, Liu Z X, Qi Y S, et al. Spatial cellular robot in orbital truss collision-free path planning[J]. Mechanical Sciences, 2020, 11(2): 233-250.

[10] 张元, 孙丽丽, 王健, 等. 新型六自由度运动模拟器及其性能测试[J]. 哈尔滨理工大学学报, 2014, 19(4): 38-43.

[11] Dai Y, Zhang H B, Qi Y S. Recent patents on valve mechanism device[J]. Recent Patents on Mechanical Engineering, 2020, 13(3): 230-241.

[12] 张元. 空间对接机构及六自由度仿真试验台研究[D]. 哈尔滨: 哈尔滨理工大学, 2017.

[13] Dai Y, Liu Z, Zhang H, et al. Recent patents for modular self-reconfigurable robot[J]. Recent

Patents on Mechanical Engineering, 2019, 12(4): 279-289.

[14] Zhang Y, Shao J P, Wang P, et al. Non-fragile reliable control law with the D-stability of a claw-shaped docking mechanism based on kinetic analysis[J]. Journal of Computational and Theoretical Nanoscience, 2016, 13(3): 1584-1592.

[15] Lai Y N. Design of an automatic autonomous mini prone-cone microsatellite docking mechanism[J]. Chinese Journal of Mechanical Engineering, 2010, 23(3): 353.

[16] 张元, 范长珍. 复合式对接试验台构型及动力学分析[J]. 哈尔滨理工大学学报, 2018, 23(1): 7-12.

[17] Zhang Y, Shao J P, Zhang L Y, et al. Analysis on modeling and motion simulation based on manipulator end executor of small satellite during the grasping process[J]. International Journal of Smart Home, 2015, 9(10): 125-132.

[18] Zhang Y, Sun L L, Lai Y N, et al. Dynamics and attitude error analysis for dock test system of small satellite[J]. Transactions of Nanjing University of Aeronautics and Astronautics, 2015, 32(4): 372-379.

[19] 周丽丽. 新型捕获对接机构仿真分析与试验研究[D]. 哈尔滨: 哈尔滨理工大学, 2015.

[20] Zhang Y, Zhou L L, Wang J, et al. Research on dynamics simulation of buffering process of docking mechanism[J]. Applied Mechanics and Materials, 2014, 701-702: 748-752.

[21] Dai Y, Gao Y F, Wen W J. Recent patents for space docking mechanism[J]. Recent Patents on Mechanical Engineering, 2021, 14(2): 164-174.

[22] 张元, 孙丽丽, 胡乃文, 等. 小型卫星立式对接测试平台的动力学分析[J]. 哈尔滨理工大学学报, 2014, 19(2): 6-11.

[23] Dai Y, Xiang C F, Qu W Y, et al. A review of end-effector research based on compliance control[J]. Machines, 2022, 10(2): 100.

[24] Zhang Y, Wang Y Y, Song Y, et al. Kinematics analysis and simulation of small satellite docking mechanism end executor[J]. Applied Mechanics and Materials, 2014, 487: 460-464.

[25] 王健. 在轨对接平台新型抓持机构设计与动力学仿真分析[D]. 哈尔滨: 哈尔滨理工大学, 2014.

[26] 戴野. 小型通用自主对接机构设计及试验研究[D]. 哈尔滨: 哈尔滨理工大学, 2006.

[27] 王盈盈. 小型卫星机械臂末端执行器抓接机构设计及仿真分析[D]. 哈尔滨: 哈尔滨理工大学, 2014.

第7章 六自由度仿真试验台动力学特性与机构稳定性分析

7.1 运动模拟器对接试验过程坐标系与动力学模型建立

7.1.1 运动模拟器坐标系建立

为了简化模型,需要对运动模拟器姿态变化和关键部件受力进行分析,并建立动力学模型,按照复合式对接试验台的整体布局进行坐标定义,如图7-1所示。

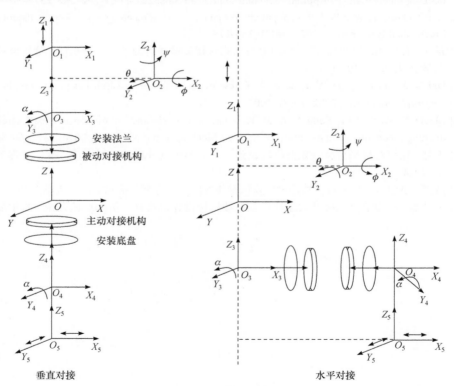

图 7-1 坐标定义

图 7-1 中，坐标定义服从右手法则，$O\text{-}XYZ$ 为原点坐标系，也称惯性坐标系，试验台 x、y、z 方向的运动以坐标系 $O\text{-}XYZ$ 为参考坐标系；$O_1\text{-}X_1Y_1Z_1$ 为移动端固连坐标系；$O_2\text{-}X_2Y_2Z_2$ 为球关节质心处的固连坐标系；$O_3\text{-}X_3Y_3Z_3$ 为被动运动模拟器转换机构的旋转轴旋转中心处的坐标系；$O_4\text{-}X_4Y_4Z_4$ 为主动运动模拟器转换机构的旋转轴旋转中心处的坐标系；$O_5\text{-}X_5Y_5Z_5$ 为主动运动模拟器双层滑移平台质心处的固连坐标系。

在进行对接试验时，主动对接机构、被动对接机构分别安装于主动运动模拟器和被动运动模拟器的安装平面上，其位姿的变换通过移动端、球关节和双层滑移平台来实现。主动运动模拟器的位姿变换为：上层滑移平台沿 X_5 轴移动，下层滑移平台沿 Y_5 轴移动，以实现 X、Y 两个方向的自由度。被动运动模拟器的位姿变换为：移动端沿 Z_1 轴移动，实现 Z 向自由度，球关节绕自身转动轴 Z_2 旋转 ψ (偏航角)，球关节绕自身转动轴 X_2 旋转 ϕ(俯仰角)，球关节绕自身转动轴 Y_2 旋转 θ(俯仰角)，球关节实现绕 X、Y、Z 轴的旋转自由度。主动运动模拟器转换机构绕 Y_4 轴旋转实现由垂直对接模式向水平对接模式的转换，被动运动模拟器转换机构绕 Y_3 轴旋转实现由垂直对接模式向水平对接模式的转换。

7.1.2　三自由度运动模拟器球关节摩擦力矩分析

主动运动模拟器的转换机构在不改变该平台运动特性的前提下，实现运动模拟器对接模式在垂直与水平两种对接模式间的灵活转换，原设计中主动运动模拟器的转换机构由电机、蜗轮、蜗杆、齿轮、限位杆等组成，如图 7-2 所示。电机驱动蜗轮和蜗杆，然后将动力传递给齿轮传动机构，与蜗轮同轴的主动齿轮通过啮合传动来驱动底盘组件随从动轴旋转，以实现对接模式的转换。

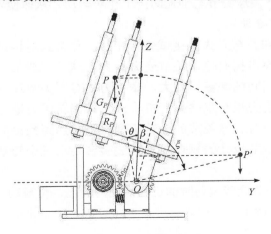

图 7-2　优化前转换机构

　　针对转换机构运动学和动力学上的缺陷，以传动轴中心线为 X 轴建立坐标系，如图 7-2 所示，图中质点 P 为底盘组件和对接机构主动部分的整体质心，弧形虚线为质心 P 在对接模式转换过程中的运动轨迹，G_P 为底盘组件与主对接机构的质量，在转换过程中对传动轴中心产生负载力矩，若规定传动轴旋转方向为正，则连接底盘与转轴的支耳偏心设置导致质心的初始位置与 Z 轴夹角为 θ，在进行对接模式转换时，随着传动轴的转动，θ 减小，由工程力学可知，G_P 产生的负载力矩方向与传动轴旋转方向相反，计算公式为

$$M_P = G_P R_P \sin\theta \tag{7-1}$$

式中，R_P 为质心绕转动中心的转动半径，当传动轴转过 $\beta (\beta = 0°)$ 时，θ 大小为 0°，质心 P 位于 Z 轴正半轴，对转动中心产生的负载力矩减小为 0。

　　随着传动轴继续旋转，质心 P' 与 Z 轴夹角 ξ 增大，G_P 对转动中心产生的负载力矩也增大，其大小用 M_P 表示，计算公式同式(7-1)，方向与传动轴旋转方向相同。转换装置的动力学方程为

$$T_\mathrm{B} = \frac{M_P + M_J}{\eta_1 \eta_2} \tag{7-2}$$

式中，T_B 为步进输出转矩；η_1、η_2 分别为蜗轮/蜗杆、齿轮传动装置的传动效率；M_P 为 G_P 产生的负载力矩；M_J 为质心的转动惯量矩。

　　被动运动模拟器模拟的是在空间对接过程中目标航天器的运动及姿态变化，其中绕 X、Y、Z 三轴的旋转运动是通过平衡组件与球关节相配合实现的。当平衡盘在平衡杆上的位置发生变化时，平衡组件重心发生偏移产生偏转力矩，在该力矩的作用下，球关节与轴瓦间产生相对转动，从而使末端执行机构发生偏转运动，如图 7-3 所示。

　　由图 7-3 可知，与立式对接试验台相比，复合式对接试验台的被动对接平台因增设了转换机构而使球关节受力变大，球关节绕某一轴进行旋转运动时，球关节与轴瓦间的摩擦力增大。摩擦力相对于关节球旋转中心产生摩擦阻力矩，当摩擦阻力矩与末端执行机构产生的偏转阻力矩之和大于平衡盘组件产生的驱动力矩时，球关节的旋转角度将不能达到预设的旋转角度，进而产生姿态误差。本节设计的复合式对接试验台要求三个转动自由度的运动范围为 $-5°\sim5°$。

　　为了简化球关节旋转运动时的运动与受力情况，将被动运动模拟器模型进行简化，如图 7-4 所示。

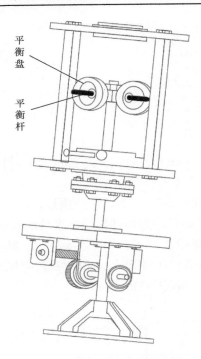

图 7-3　运动模拟装置

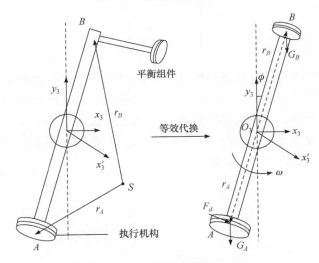

图 7-4　运动模拟装置简化图

本节采用代换的方式将平衡组件和末端执行机构质心处的质量进行代换，代换必须满足式(7-3)：

$$
\begin{cases}
\sum_{i=1}^{n} m_i = m \\
\sum_{i=1}^{n} m_i x_i = m x_S \\
\sum_{i=1}^{n} m_i y_i = m y_S \\
\sum_{i=1}^{n} m_i \left(x_i^2 + y_i^2 \right) = J_S + m \left(x_S^2 + y_S^2 \right)
\end{cases}
\tag{7-3}
$$

式中，m 为质心处的质量；m_i 为各个元件的质量；x_S、y_S 为构件质心坐标；x_i、y_i 为第 i 个元件质量的坐标；J_S 为构件对质心 S 处的转动惯量。

选取两点作为系统集中质量点，如图 7-5 所示。其中，点 A 选取在末端执行机构的质心，由此根据式(7-1)得出点 A 和点 B 在坐标系 $O\text{-}xyz$ 中的位置及 A、B 两点的等效代换质量，如式(7-4)所示：

$$
\begin{cases}
m = \dfrac{J_S}{r_A r_B} \\[2mm]
m_A = \dfrac{m J_S}{m r_A^2 + J_S} \\[2mm]
m_B = \dfrac{m^2 r_A^2}{m r_A^2 + J_S}
\end{cases}
\tag{7-4}
$$

以绕 ζ 轴旋转为例，通过赫兹弹性变形理论对球关节旋转过程中所受的摩擦力进行分析，如图 7-5 所示。球关节在旋转过程中与轴瓦产生相对运动，进而产生的摩擦力矩与球关节的旋转方向相反，两者接触面上的正应力近似按余弦规律分布，用字母 p 表示，即 $p = p_0 \cos\alpha$，p_0 为球关节上任意一点 A 处的正应力，α 为该受力点的半径与 ζ 轴的夹角。

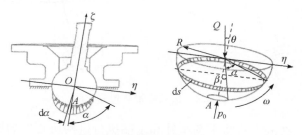

图 7-5　球关节受力分析图

由公式 $F_\zeta = 0$ 得

$$Q\cos\theta = \int_\zeta p_\zeta \mathrm{d}s = \int_0^{\alpha_1} 2\pi R^2 p_0 \sin\alpha\cos^2\alpha\,\mathrm{d}\alpha \tag{7-5}$$

从而得到接触面正应力分布为

$$p_0 = \frac{3Q\cos\theta}{2\pi R^2(1-\cos^3\alpha_1)} \tag{7-6}$$

因此球关节摩擦力矩为

$$M_\zeta = \iiint_\Omega \mu p\,\mathrm{d}V = \int_\beta^{\alpha_1} \mu\frac{3Q\cos\theta\cos\alpha}{2\pi R^2(1-\cos^3\alpha_1)}2\pi R^3\sin\alpha\,\mathrm{d}\alpha \tag{7-7}$$

将 $\beta = \arctan(r/R)$ 代入式(7-7)得到摩擦力矩为

$$M_\zeta = \frac{3\mu QR\cos\theta(\cos 2\beta - \cos 2\alpha_1)}{4(1-\cos^3\alpha_1)} \tag{7-8}$$

式中，$Q = 200\mathrm{N}$；摩擦系数 $\mu = 0.4$；$R = 0.04\mathrm{m}$；芯轴半径 $r = 0.014\mathrm{m}$；$\theta = 5°$；$\alpha_1 = \pi/2$。计算得到当球关节绕 ζ 轴旋转 $5°$ 时摩擦力矩 $M_\zeta = 10.033\mathrm{N\cdot m}$。

当球关节旋转时，末端执行机构也发生偏转，同样，重心的偏移会对球关节中心产生一个偏转力矩，其方向与摩擦力矩方向相同。设当球关节旋转角度为 $5°$ 时，末端执行机构对球关节中心的最大偏转力矩为 M_A，平衡组件产生的对球关节中心的最大偏转力矩为 M_B。根据力学原理，当式(7-9)成立时，球关节的旋转运动才能达到预定角度要求。

$$M_B > M_\zeta + M_A \tag{7-9}$$

求解力矩的计算公式为

$$M = Gl \tag{7-10}$$

式中，G 为各机构的重力；l 为各机构到球关节中心的垂直力臂长度。

平衡杆长 $0.48\mathrm{mm}$，单个平衡盘质量为 $2\mathrm{kg}$，通过分析计算得到 $M_B = 8.2\mathrm{N\cdot m}$，$M_A = 62.16\mathrm{N\cdot m}$，因此有

$$M_B < M_\zeta + M_A \tag{7-11}$$

由分析计算结果可知，球关节处旋转角度未达到 $5°$，不满足设计要求。解决这一问题简单有效的方法是对平衡杆的长度进行优化，由以上计算可知，平衡组件能产生的最大偏转力矩至少为 $73\mathrm{N\cdot m}$ 才能满足要求。通过反推计算得出平衡杆

的最小长度应为 0.52m，考虑到其他可能导致摩擦力增大的影响因素，取平衡杆长度为 0.6m，增大平衡盘尺寸使其质量达到 2.5kg，确保球关节处的姿态转角满足设计要求[1-7]。

7.1.3 对接机构接触力矩模型建立

本节采用三爪式对接机构，当主/被动运动模拟器相对于原点坐标系存在角度偏差进行对接时，在目标对接机构上的三个 V 型槽的作用下，逐渐抱拢的指尖抓紧目标机构并调整姿态偏差，最后滑入 V 型槽的底端，被动对接机构完全拉向主动对接机构[8-10]。

碰撞类型可分为以下两种：

(1) 转角只有 y 向偏航角 ψ 时，为正碰；

(2) 转角中存在滚转角 θ 或俯仰角 ϕ 时，为斜碰。

被动对接机构在 $OX'Y'$ 平面上的受力分析如图 7-6 所示。其中，F_1、F_2、F_3 分别为锁爪指尖对被动对接机构三个 V 型槽面的接触力，可分解为沿槽面的力和垂直于槽面的力。

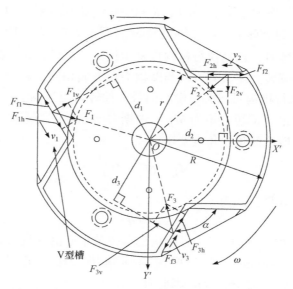

图 7-6　被动对接机构在 $OX'Y'$ 平面上的受力分析

锁爪的运动轨迹如图 7-7 所示。设在 t 时间内，锁爪到达接触点 B，机构转过 $\Delta\psi$，v_0 为锁爪的径向速度，则锁爪施加的力矩为

$$\begin{cases} M_v = 3F_v d_1 \\ d_1 = (l_{AO} - v_0 t)\cos(\beta - \psi + \Delta\psi) \\ l_{AO} = \dfrac{a\sin\psi}{\tan(\beta - \psi)} + a\cos\psi \\ F_v = F_1 \sin(\beta - \psi + \Delta\psi) \end{cases} \tag{7-12}$$

式中，M_v 为总旋转力矩；d_1 为锁爪到达接触点 B 时 F_{1v} 相对 O 点的力矩臂长度；β 为 V 型槽张角的 1/2；ψ 为 l_{AO} 与图示 V 型槽顶点到 O 点所成线段的夹角；a 为 V 型槽顶点到 O 点的距离。

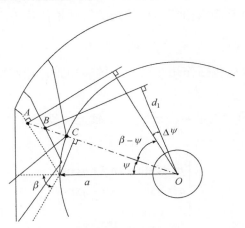

图 7-7　锁爪的运动轨迹

接触力 F_n（$n = 1,2,3$）的大小主要由等效刚度和阻尼特性确定，F_n 与 d 满足关系：

$$d = \left(\frac{9F_n^2}{16ER^2}\right)^{\frac{1}{3}} \tag{7-13}$$

其中，

$$\frac{1}{R} = \frac{1}{R_1} + \frac{1}{R_2} \tag{7-14}$$

$$\frac{1}{E} = \frac{1 - \mu_1^2}{E_1} + \frac{1 - \mu_2^2}{E_2} \tag{7-15}$$

式中，R_1、R_2 分别为碰撞点处锁爪和被动机构接触面的曲率半径；E_1、E_2 分别为两对接机构的材料弹性模量；μ_1、μ_2 均为材料的泊松比。

在锁爪和 V 型槽接触碰撞的过程中，碰撞的阻尼力会引起能量的损失，因

此接触力采用的模型为

$$F_1 = k\delta^n + D\dot{\delta} \tag{7-16}$$

式中，k 为接触模型的等效刚度，本节取 $k = 1.0 \times 10^5$；δ、$\dot{\delta}$ 分别为锁爪和 V 型槽接触时的穿透深度和相对移动速度；D 为阻尼参数，本节取 $D = 100$；上标 n 为刚度贡献指数，本节取 1.5。

7.1.4　被动平台动力学模型建立

在静坐标系 $O\text{-}xyz$ 下，芯轴为具有绕 x 轴转动自由度的刚体，芯轴和吊架结构共同拥有绕 z 轴转动自由度。取系统的转动角位移为广义位移，即

$$u_1 = j, \ u_2 = q, \ u_3 = y \tag{7-17}$$

绕 y 轴转动的力矩 M_y 包括作用于吊架上的转矩 M_{y1} 和作用于芯轴配重上的转矩 M_{y2}。

芯轴的绝对角速度矢量 ω 在 x、y、z 轴上的投影 p、q、r 与广义速度 $\dot{j}$、$\dot{q}$、$\dot{y}$ 的关系为

$$\begin{cases} p = \dot{y}\sin q \sin j + \dot{q}\cos j \\ q = \dot{y}\sin q \cos j - \dot{q}\sin j \\ r = \dot{y}\cos q + \dot{j} \end{cases} \tag{7-18}$$

执行机构绕 z 轴的转动惯量为 J_z，芯轴沿 x、y、z 轴方向的转动惯量分别为 A、B、C，吊架和芯轴配重的动能 T_1、T_2 分别为

$$\begin{cases} T_1 = \dfrac{1}{2}J_z\dot{y}^2 \\ T_2 = \dfrac{1}{2}Ap^2 + \dfrac{1}{2}Bq^2 + \dfrac{1}{2}Cr^2 \end{cases} \tag{7-19}$$

对 T_1 应用拉格朗日方程得到的动力学方程为

$$J_z\ddot{y} = M_{r1} \tag{7-20}$$

由式(7-18)确定的 p、q、r 代入式(7-20)后可得

$$\begin{aligned} T_1 = &\frac{1}{2}A\left(\dot{y}\sin q \sin j + \dot{q}\cos j\right)^2 \\ &+ \frac{1}{2}B\left(\dot{y}\sin q \cos j - \dot{q}\sin j\right)^2 + \frac{1}{2}C\left(\dot{y}\cos q + \dot{j}\right)^2 \end{aligned} \tag{7-21}$$

对应广义坐标 y、q、j 的尼尔森方程分别为

$$\begin{cases} \dfrac{\partial \dot{T}}{\partial \dot{r}} - 2\dfrac{\partial T}{\partial r} = M_y \\[3mm] \dfrac{\partial \dot{T}}{\partial \dot{q}} - 2\dfrac{\partial T}{\partial q} = M_q \\[3mm] \dfrac{\partial \dot{T}}{\partial \dot{j}} - 2\dfrac{\partial T}{\partial j} = M_j \end{cases} \tag{7-22}$$

对式(7-21)应用尼尔森方程后可得到芯轴转动的动力学微分方程：

$$\begin{cases} (A\sin^2\theta + J_z)\ddot{\psi} = (C - 2A\sin\theta)\dot{\psi}\dot{\theta}\cos\theta + C\dot{\phi}\dot{\theta}\sin\theta + M_\psi - M_\phi\cos\theta \\ A\ddot{\theta} = (A-C)\dot{\psi}^2\sin\theta\cos\theta - C\dot{\psi}\dot{\phi}\sin\theta + M_\theta \\ AC\ddot{\phi}\sin^2\theta = \dot{\psi}\dot{\theta}(AC\sin\theta + AC\sin\theta\cos^2\theta - C^2\cos^2\theta) \\ \qquad\qquad - C^2\dot{\phi}\dot{\theta}\sin\theta\cos\theta + (A\sin^2\theta + C\cos^2\theta)M\phi - CM_\psi\cos\theta \end{cases} \tag{7-23}$$

假定

$$\ddot{Y} = \left(\ddot{\phi}, \ddot{\theta}, \ddot{\psi}\right)^{\mathrm{T}} \tag{7-24}$$

$$M = (M_\phi, M_\theta, M_\psi)^{\mathrm{T}} \tag{7-25}$$

其中，

$$\begin{cases} M_\psi = M_{\mathrm{v}} \\ M_\theta = M_x - M_{\mathrm{v}} \\ M_\phi = M_y - M_{\mathrm{v}} \end{cases} \tag{7-26}$$

在静坐标系 $O\text{-}xyz$ 下，M_x 和 M_y 为被动体受到锁爪施加的绕 x 轴、y 轴的力矩。

将式(7-23)写成矩阵形式为

$$f(X_1)\ddot{Y} = g(X_1, X_2) + h(X_1)\cdot M \tag{7-27}$$

其中，

$$f(X_1) = \begin{bmatrix} AC\sin^2\theta + J_z & 0 & 0 \\ 0 & A & 0 \\ 0 & 0 & A\sin^2\theta \end{bmatrix} \tag{7-28}$$

$$g(X_1, X_2) = \begin{bmatrix} \dot{\psi}\dot{\theta}(AC\sin\theta + AC\sin\theta\cos^2\theta - C^2\cos^2\theta) - C^2\dot{\phi}\dot{\theta}\sin\theta\cos\theta \\ (A-C)\dot{\psi}^2\sin\theta\cos\theta - C\dot{\psi}\dot{\phi}\sin\theta \\ (C - 2A\sin\theta)\dot{\psi}\dot{\theta}\cos\theta + C\dot{\theta}\dot{\phi}\sin\theta \end{bmatrix} \tag{7-29}$$

$$h(X_1) = \begin{bmatrix} A\sin^2\theta + C\cos^2\theta & 0 & -\cos\theta \\ 0 & 1 & 0 \\ -\cos\theta & 0 & 1 \end{bmatrix} \tag{7-30}$$

7.2　试验台动力学模型的仿真结果分析

球关节处摩擦系数 $\mu = 0.4$，$Q = 200\text{N}$，$R = 0.04\text{m}$，芯轴半径 $r = 0.014\text{m}$，$\alpha_1 = \pi/2$。锁爪的径向速度 $v_0 = 0.001\text{m/s}$，被动对接机构的 V 型槽上两个槽面之间的夹角为120°，$a = 260\text{mm}$。执行机构绕 z 轴的转动惯量 $J_z = 3.95\text{kg} \cdot \text{m}^2$，芯轴的惯量参数为

$$J = \begin{bmatrix} 37.78 & 0 & 0 \\ 0 & 3.75 & 0 \\ 0 & 0 & 37.78 \end{bmatrix} \tag{7-31}$$

根据建立的动力学方程，利用 Simulink 平台中的标准模块进行动力学模型的解算[11-14]，建立的系统仿真模型如图 7-8 所示，图中 Scope1、Scope2 分别显示了 ψ 和 θ 的角位移曲线。为了获得不同转角的运动误差，以便后续进行姿态角的误差分析，选取如表 7-1 所示的 24 组理论转角。

根据式(7-27)和式(7-30)，Function 中的部分程序代码如下：

```
functiony=compa(u);%#codegen
a=[(A*C*(sin(u(2))).^2)+3.9500;0A0;00A*(sin(u(2))).^20];
h=[A*(sin(u(2))).^2+C*(cos(u(2))).^20-C*cos(u(2));010;
-cos(u(2))01];
y=h/a;……
```

对于图 7-8 中的 Function 和 Function1，选取的状态变量为

$$\begin{cases} u_1 = \phi, & u_2 = \theta, & u_3 = \psi \\ u_4 = \dot{\phi}, & u_5 = \dot{\theta}, & u_6 = \dot{\psi} \end{cases} \tag{7-32}$$

表 7-2 给出了仿真结束后转角 ψ 和 θ 的仿真值。图 7-9 为不同转角 ψ_1 条件下转角 ψ 的误差随 θ_1 变化的曲线。图 7-10 为不同转角 ψ_1 条件下，转角 θ 的误差随 θ_1 变化的曲线。

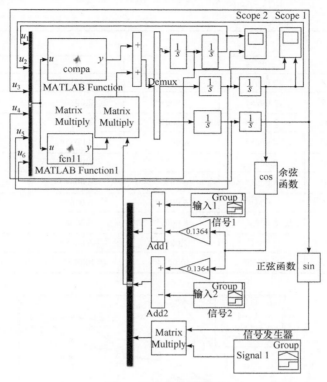

图 7-8　系统仿真模型

表 7-1　24 组理论转角

理论转角	ψ_1			
	2°	4°	6°	10°
θ_1	0°	0°	0°	0°
	2°	2°	2°	2°
	4°	4°	4°	4°
	6°	6°	6°	6°
	8°	8°	8°	8°
	10°	10°	10°	10°

表 7-2　转角 ψ 和 θ 仿真值

θ_1		ψ_1			
		2°	4°	6°	10°
0°	ψ	2.0001°	4.0021°	6.0016°	10.0011°
	θ	0.0001°	0.0020°	0.0032°	0.0053°

续表

θ_1		ψ_1			
		2°	4°	6°	10°
2°	ψ	2.0001°	4.0019°	6.0032°	10.0025°
	θ	2.0025°	2.0051°	2.0039°	2.0067°
4°	ψ	2.0031°	4.0039°	6.0068°	10.0036°
	θ	4.0065°	4.0032°	4.0038°	4.0054°
6°	ψ	2.0038°	4.0041°	6.0057°	10.0043°
	θ	6.0091°	6.0035°	6.0044°	6.0039°
8°	ψ	2.0041°	4.0049°	6.0060°	10.0062°
	θ	8.0083°	8.0001°	8.0026°	8.0041°
10°	ψ	2.0061°	4.0067°	6.0058°	10.0052°
	θ	10.0065°	10.0014°	10.0031°	10.0225°

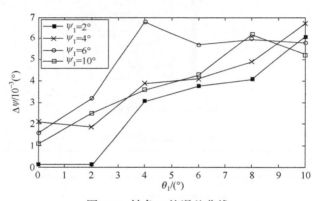

图 7-9　转角 ψ 的误差曲线

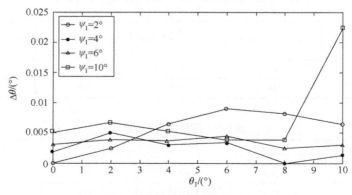

图 7-10　转角 θ 的误差曲线

分析图 7-9 可知，当 ψ_1 一定时，随着 θ_1 的增大，转角 ψ 的整体误差呈正比增大，为了避免转角误差过大而影响对接机构偏航角的精度，应该控制滚转角和俯仰角在一定的范围内。分析图 7-10 可知，当 $\psi_1 < 8°$，转角 θ_1 从 0° 变化到 10° 时，转角 θ 的误差趋于稳定，其值在 0°～0.01°；当 $\psi_1 = 10°$，$\theta_1 > 8°$ 时，转角 θ 的误差迅速增大到 0.0225°，可见此时的偏航运动和滚转运动的相互耦合对运动精度的影响较大。综上所述，在不考虑对接机构参数要求的情况下，假定误差呈正比增大，经过计算，俯仰角和滚转角的容差范围应该控制在 45° 之内，由于对接机构的转角范围在 0°～10°，并且其对试验台要求的容差范围是大于 5°，这也初步验证了本试验台的设计可以满足小型卫星对接机构的转角运动精度要求。

7.3 对接试验过程中试验台位姿误差分析

7.3.1 位姿误差来源分析

试验台的运动精度受很多因素的综合影响，如运动机构中各个执行件的尺寸误差、装配误差、弹性变形和摩擦磨损等因素均会引起构件空间坐标轴间的不正交度等原始误差。在对接过程中，对接平台上负载变化、冲击载荷以及速度变化等因素都会引起主/被动对接试验台产生运动误差和几何偏差，进而影响安装在平台上的主/被动对接机构的运动精度[15-18]。

本节将主/被动对接试验台的运动误差分为原始误差和随机误差。原始误差定义为由加工制造、构件弹性变形以及摩擦磨损等引起的误差，通常以积累误差、周期式误差、反向误差等的形式出现。原始误差通常以用数学模型表达，并通过修正算法进行补偿。随机误差是由于微小的随机波动而形成的具有相互抵偿性的误差。运动模拟平台的运动精度影响因素如图 7-11 所示。

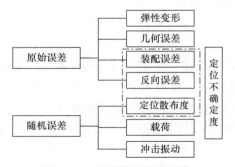

图 7-11 运动精度影响因素

运动平台的原始误差主要包括弹性变形、几何误差、装配误差以及反向误差。弹性变形是指在自重和外载荷的作用下，各个运动部件产生的变形。几何误差是指移动端、旋转吊架、芯轴、球关节轴承、角度尺以及双层移动座等部件在生产加工过程中，由尺寸偏差或几何外形偏差造成部件本身的误差。装配误差是指零部件的安装位置与装配规格设计规定及工艺所需的理想位置的差异，其影响因素主要有零件误差、工具量具误差及环境误差等。零件误差是指零部件在运转使用后产生的变形和磨损形成的附加误差。操作误差是指依靠手感(如松紧、平齐、光滑、跳动、摇动、振动、隔距等)、目测(尺寸、水平、平直、垂直、平行、对准、相切等)、耳听等人体感官鉴别产生的误差。环境误差是指由于温度、相对湿度等产生的误差。在被动运动模拟平台中，旋转吊架及角度尺与芯轴配重之间的装配误差直接影响被动对接机构的姿态角精度。

运动平台的随机误差主要是由定位散布度、载荷及冲击振动等造成的。对于安装于运动平台上的被动对接机构与主动对接机构，在抓接过程中，锁爪抓取负载质量和位姿的变化，造成双层移动座产生不同程度的挠性变形，进而导致形变误差。此外，抓接过程中还伴随着冲击振动，它是影响运动平台运动精度的主要因素之一。

此外，传感器等测量装置、驱动装置和控制器的精度也会对对接机构的定位精度产生很大的影响，如光栅传感器的精度和电机编码器的分辨率等。

由上述分析可知，引起运动平台位姿误差和运动误差的因素有很多，若对每个误差影响因素都进行单独分析，则分析过程会变得非常复杂。本节将影响对接机构位姿误差的因素分为动态特性误差、静态姿态角误差和双层移动座位置误差。为了方便建立对接机构的位姿误差模型，需要对平台进行运动学分析。

静态姿态角误差，即在静止状态下各个姿态角的实际值与名义值之间的偏差，其大小由加工误差、装配误差和尺寸公差所决定。

7.3.2 姿态角误差分析和计算

1. 坐标系的定义

执行机构主要由吊架结构 1、芯轴 2、角度尺 3、连接法兰 4、球关节 5 等结构组成，如图 7-12 所示。在随动状态下，执行机构共具有三个转动自由度。

$O\text{-}xyz$ 为静坐标系，动坐标系 $O\text{-}\xi\eta\zeta$ 固连在球关节上，原点 O 位于球关节的球心，ζ 轴和芯轴轴线重合。在零位状态下，动坐标系 $O\text{-}\xi\eta\zeta$ 和静坐标系 $O\text{-}xyz$ 的原点重合，且 ξ、η、ζ 的轴线方向分别与 x、y、z 轴方向相同。

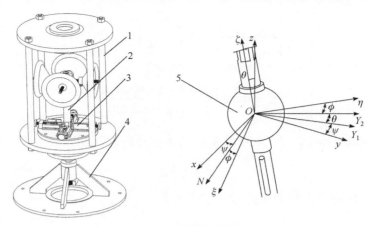

图 7-12　执行机构

1-吊架结构；2-芯轴；3-角度尺；4-连接法兰；5-球关节

为了确定机构在空间中的位姿，采用欧拉角 ϕ、θ、ψ 为广义位移，第一次芯轴和吊架同时绕 z 轴正转 ψ 到达 NY_1z 位置，第二次芯轴绕 N 轴正转 θ 到达 $NY_2\zeta$ 位置，第三次芯轴绕 ζ 轴正转 ϕ 到达 $\xi\eta\zeta$ 位置，坐标变换公式为

$$\begin{bmatrix} x \\ y \\ z \end{bmatrix} = \begin{bmatrix} \cos\psi_1\cos\theta_1 & \cos\theta_1\sin\psi_1\sin\gamma_1 - \sin\theta_1\cos\gamma_1 & \cos\theta_1\sin\psi_1\sin\phi_1 + \sin\theta_1\cos\phi_1 \\ \cos\psi_1\sin\theta_1 & \cos\theta_1\cos\gamma_1 & -\cos\theta_1\sin\phi_1 \\ -\sin\psi_1 & \cos\psi_1\sin\gamma_1 + \sin\psi_1\sin\theta_1\sin\beta_1 & \sin\theta_1\sin\psi_1\sin\phi_1 + \cos\psi_1\cos\beta_1 \end{bmatrix} \begin{bmatrix} \xi \\ \eta \\ \zeta \end{bmatrix}$$

(7-33)

记为 $P = CP_0$。

2. 姿态角误差分析

为了研究被动对接机构的运动和姿态，需要对对接机构在空间中的位姿变化进行描述。重心处的坐标系变换如图 7-13 所示，将静坐标系 $O\text{-}x'y'z'$ 依次绕 z'、x_1'、y_1 轴转过 γ、α、β 至坐标系 $O\text{-}x_1y_1z_1$，三次转角就是相应的姿态角，坐标变换方程如下：

$$\begin{bmatrix} x' \\ y' \\ z' \end{bmatrix} = \begin{bmatrix} \cos\gamma\cos\alpha & -\cos\gamma\sin\alpha\cos\beta + \sin\beta\sin\gamma & \cos\gamma\sin\alpha\sin\beta + \sin\gamma\cos\beta \\ \sin\alpha & \cos\theta\cos\gamma & -\cos\alpha\sin\beta \\ -\sin\gamma\cos\alpha & \cos\gamma\sin\beta + \sin\gamma\sin\alpha\cos\beta & -\sin\gamma\sin\alpha\sin\beta + \cos\gamma\cos\beta \end{bmatrix} \begin{bmatrix} x_1 \\ y_2 \\ z_3 \end{bmatrix}$$

(7-34)

记为 $P' = AP_1$。

式(7-33)和式(7-34)的对应元素相等，得到

$$\begin{cases} \gamma = \arctan\left(\tan\psi_1 \dfrac{1}{\cos\theta_1}\right) \\ \alpha = \arcsin(\sin\theta_1 \cos\psi_1) \\ \beta = \arctan\left(\dfrac{\tan\phi_1 - \tan\theta_1 \sin\psi_1}{1 + \tan\phi_1 \tan\theta_1 \sin\psi_1}\right) \end{cases} \tag{7-35}$$

令 $\tan\tilde{\beta} = -\tan\theta_1 \sin\psi_1$，即 $\tilde{\beta}$ 为 θ_1 和 ψ_1 的伴生倾斜角，则有

$$\beta = \phi_1 + \tilde{\beta} \tag{7-36}$$

当执行机构产生转动误差时，姿态角为

$$\begin{cases} \gamma = \arctan\left[\tan(\psi_1 + \Delta\psi_1) \dfrac{1}{\cos(\theta_1 + \Delta\theta_1)}\right] \\ \alpha = \arcsin\left[\sin(\theta_1 + \Delta\theta_1)\cos(\psi_1 + \Delta\psi_1)\right] \\ \beta = \phi_1 + \Delta\phi_1 - \arctan[\tan(\theta_1 + \Delta\theta_1)\sin(\psi_1 + \Delta\psi_1)] \end{cases} \tag{7-37}$$

由式(7-37)可以看出，ϕ_1 并不影响姿态角 γ 和 α 的误差范围，因此令 $\phi_1 = 0°$。以上为转角误差对对接机构姿态角误差产生的影响。

此外，运行过程中的正常磨损及安装制造误差等因素使 ξ、η、ζ 轴之间存在不正交度，从而导致被动对接机构的姿态角产生误差。如图 7-14 所示，z 轴与 x 轴、y 轴、z' 轴间的夹角分别为 $\pi/2 + \delta_2$、$\pi/2 + \delta_1$、δ_3，因此有

$$\cos^2\left(\frac{\pi}{2} + \delta_1\right) + \cos^2\delta_3 + \cos^2\left(\frac{\pi}{2} + \delta_2\right) = 1 \tag{7-38}$$

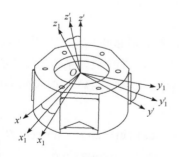

图 7-13　坐标系转动顺序

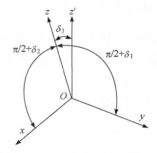

图 7-14　轴间不正交度

图 7-12 中，坐标系绕 z 轴正转 ψ 到达 NY_1z 位置，根据矢量回转法，得到近似变换矩阵为

$$
\begin{bmatrix} x \\ y \\ z \end{bmatrix} = \begin{bmatrix} \cos\psi_1 & -\delta_1(1-\cos\psi_1)+\delta_2\sin\psi_1 & \sin\psi_1 \\ -\delta_1(1-\cos\psi_1)+\delta_2\sin\psi_1 & 1 & -\delta_2(1-\cos\psi_1)+\delta_1\sin\psi_1 \\ \sin\psi_1 & -\delta_2(1-\cos\psi_1)+\delta_1\sin\psi_1 & \cos\psi_1 \end{bmatrix} \begin{bmatrix} n \\ y_1 \\ z \end{bmatrix}
$$

$$(7\text{-}39)$$

联立绕 N 轴和绕 ζ 轴的变换矩阵，得到

$$
\begin{bmatrix} x \\ y \\ z \end{bmatrix} = E \begin{bmatrix} \xi \\ \eta \\ \zeta \end{bmatrix}
$$

$$(7\text{-}40)$$

其中，E 为绕 z 轴、N 轴及 ζ 轴转动矩阵之积，E 中部分元素为

$$
\begin{cases}
e_{11} = \cos\theta_1\cos\psi_1 + \sin\theta_1[\delta_1(1-\cos\psi_1)+\delta_2\sin\psi_1] \\
e_{21} = \sin\theta_1\cos\psi_1 - \cos\theta_1[\delta_1(1-\cos\psi_1)+\delta_2\sin\psi_1] \\
e_{31} = -\sin\psi_1 \\
e_{22} = \cos\phi_1[-\sin\theta_1(\delta_1-\delta_1\cos\psi_1-\delta_2\sin\psi_1)+\cos\theta_1] \\
\qquad + \sin\phi_1[-\cos\theta_1(\delta_2-\delta_2\cos\psi_2-\delta_1\sin\psi_1)+\sin\theta_1\sin\psi_1] \\
e_{23} = -\sin\phi_1[-\sin\theta_1(\delta_1-\delta_1\cos\psi_1-\delta_2\sin\psi_1)+\cos\theta_1] \\
\qquad + \cos\phi_1[-\cos\theta_1(\delta_2-\delta_2\cos\psi_2-\delta_1\sin\psi_1)+\sin\theta_1\sin\psi_1]
\end{cases}
$$

$$(7\text{-}41)$$

式(7-41)和式(7-34)对应元素相等，得到

$$
\begin{cases}
\tan\gamma = \dfrac{\tan\psi_1}{\cos\theta_1}\dfrac{1}{1+e_1} \\
\sin\alpha = \sin\theta_1\cos\psi_1 - e_2 \\
\tan\beta = \tan\left(\phi_1+\tilde{\beta}\right) \\
\tan\tilde{\beta} = -\dfrac{\sin\psi_1\tan\theta_1+e_3}{1-e_4}
\end{cases}
$$

$$(7\text{-}42)$$

$$
\begin{cases}
e_1 = \tan\theta_1\left[\dfrac{\delta_1(1-\cos\psi_1)}{\cos\psi_1}+\delta_2\tan\psi_1\right] \\
e_2 = \cos\theta_1[\delta_1(1-\cos\psi_1)+\delta_2\sin\psi_1] \\
e_3 = \delta_1\sin\psi_1 - \delta_2(1-\cos\psi_1) \\
e_4 = \tan\theta_1[\delta_1(1-\cos\psi_1)-\delta_2\sin\psi_1]
\end{cases}
$$

$$(7\text{-}43)$$

分析式(7-42)和式(7-43)可知，对于给定的 θ_1 和 ψ_1，当 δ_1 和 δ_2 同号且达到不正交度极限值 d 时，e_1 和 e_2 最大，因而姿态角 γ、α 偏离名义值最远，当 δ_3 和 δ_4 异

号且绝对值达到 d 时，e_3 和 e_4 最大，姿态角 β 误差最大，此时有

$$
\begin{cases}
e_1' = \left(\tan\theta_1 - \tan\theta_1 \tan\psi_1 - \dfrac{\tan\theta_1}{\cos\psi_1} \right) d \\
e_2' = (\cos\theta_1 \cos\psi_1 - \sin\psi_1 \cos\theta_1 - 1)d \\
e_3' = (1 - \cos\psi_1 + \sin\psi_1)d \\
e_4' = d \tan\theta_1 (1 - \cos\psi_1 + \sin\psi_1)
\end{cases}
\tag{7-44}
$$

误差最大时姿态角为

$$
\begin{cases}
\gamma = \arctan\left(\dfrac{\tan\psi_1}{\cos\theta_1} \dfrac{1}{1 + e_1'} \right) \\
\alpha = \arcsin(\sin\theta_1 \cos\psi_1 - e_2') \\
\beta = \phi_1 + \arctan\left[-\dfrac{\tan(\theta_1 \sin\psi_1 + e_3')}{1 - e_4'} \right]
\end{cases}
\tag{7-45}
$$

将式(7-37)中的转动误差代入式(7-45)，可得到在位置误差和不正交度同时影响下，偏离名义值最大的姿态角公式。将仿真结果中得到的转动误差代入式(7-46)，并取不正交度 $d = 30''$，即可求出受误差影响的姿态角大小。图 7-15 为计算结果的曲线图，表 7-3 为计算得到的实际姿态角误差。

$$
\begin{cases}
\gamma = \arctan\left[\dfrac{1}{1 + e_1'} \tan(\psi_1 + \Delta\psi) \dfrac{1}{\cos(\theta_1 + \Delta\theta)} \right] \\
\alpha = \arcsin[\sin(\theta_1 + \Delta\theta)]\cos(\psi_1 - \Delta\psi) - e_2' \\
\beta = (\phi_1 - \Delta\phi) - \arctan\left[\dfrac{\tan(\theta_1 + \Delta\theta)\sin(\psi_1 - \Delta\psi) + e_3'}{1 - e_4'} \right]
\end{cases}
\tag{7-46}
$$

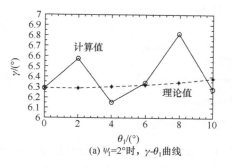

(a) $\psi_1 = 2°$ 时，γ-θ_1 曲线

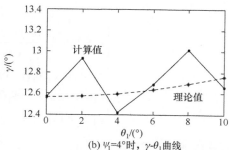

(b) $\psi_1 = 4°$ 时，γ-θ_1 曲线

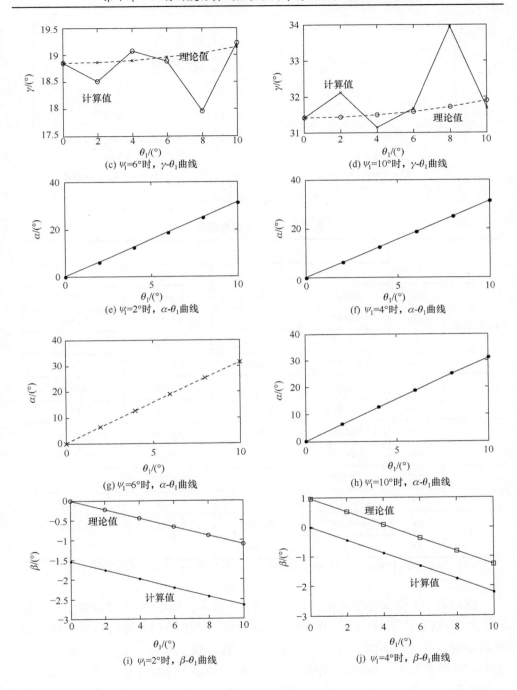

(c) $\psi_1 = 6°$时，γ-θ_1曲线

(d) $\psi_1 = 10°$时，γ-θ_1曲线

(e) $\psi_1 = 2°$时，α-θ_1曲线

(f) $\psi_1 = 4°$时，α-θ_1曲线

(g) $\psi_1 = 6°$时，α-θ_1曲线

(h) $\psi_1 = 10°$时，α-θ_1曲线

(i) $\psi_1 = 2°$时，β-θ_1曲线

(j) $\psi_1 = 4°$时，β-θ_1曲线

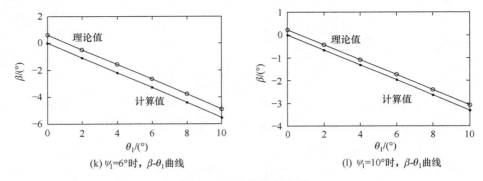

(k) $\psi_1=6°$时，β-θ_1曲线   (l) $\psi_1=10°$时，β-θ_1曲线

图 7-15　姿态角曲线图

表 7-3　实际姿态角误差

θ_1		ψ_1			
		2°	4°	6°	10°
0°	$\Delta\gamma$	0.0031°	0.0030°	0.0034°	0.0038°
	$\Delta\alpha$	0.0564°	0.1114°	0.1681°	0.2863°
2°	$\Delta\gamma$	0.2843°	0.3629°	−0.3522°	0.6827°
	$\Delta\alpha$	0.0573°	0.1123°	0.1691°	0.2873°
4°	$\Delta\gamma$	−0.1506°	−0.1784°	0.1792°	−0.3539°
	$\Delta\alpha$	0.0601°	0.1151°	0.1718°	0.2901°
6°	$\Delta\gamma$	0.0224°	0.0518°	−0.0636°	0.0833°
	$\Delta\alpha$	0.0647°	0.1197°	0.1764°	0.2946°
8°	$\Delta\gamma$	0.9712°	1.2062°	−1.0758°	2.2336°
	$\Delta\alpha$	0.0711°	0.1262°	0.1829°	0.3011°
10°	$\Delta\gamma$	−0.1075°	−0.0982°	0.0743°	−0.2125°
	$\Delta\alpha$	0.0796°	0.1346°	0.1913°	0.3095°

注：$\Delta\gamma$ 为姿态角 γ 的误差(计算值与理论值的差)；$\Delta\alpha$ 为姿态角 α 的误差(计算值与理论值的差)。

根据表 7-3 可求得姿态角误差，如表 7-4 所示。由图 7-15 可以看出，在轴系不正交度(系统误差)相同的情况下，姿态角 γ 产生的误差受执行机构转动误差的影响显著，在不同 ψ_1 下，其误差变化趋势一致，当 ψ_1 一定，$\theta_1=8°$ 时，姿态角 γ 的误差最大，此时可以通过补偿转角 θ_1 的误差来减小姿态角 γ 的误差。α 的实际值和名义值几乎相等，表明 α 的误差主要来源于系统误差，此时若能测得 δ_1 和 δ_2 的准确值，并求得姿态角的准确值，则可以消除该系统误差。β 的

误差并不受 θ_1 影响，其值与 ψ_1 的大小成反比[19-22]。

表 7-4　姿态角误差

$\Delta\gamma\ /(°)$	$\Delta\alpha\ /(°)$	$\Delta\beta\ /(°)$
2.2336	0.3094	1.5449

7.3.3　姿态角误差的非脆弱鲁棒控制策略研究

根据上述姿态角误差分析可以得出，若要精准控制姿态，则要将其作为不确定非线性时滞系统，从而设计其非脆弱可靠鲁棒控制器。姿态角变化系统的状态可描述为

$$Ex(k+1) = A_\Delta x(k) + C_\Delta u(k) \tag{7-47}$$

式中，E、A_Δ、C_Δ 均为已知的系统参数矩阵；$x(k)$ 表示姿态控制系统的状态向量；$u(k)$ 表示姿态控制系统的状态反馈控制向量。

定义姿态传感器的时滞矩阵为

$$M = \mathrm{diag}\left(m_1, m_2, \cdots, m_p\right) \tag{7-48}$$

其中，

$$0 \leqslant m_{li} \leqslant m_i \leqslant m_{ui}, \quad m_{li} < 1, \quad m_{ui} \geqslant 1, \quad i = 1, 2, \cdots, p$$

当 $m_i = 0$ 时，表明姿态传感器第 i 条通道发生时滞；当 $m_i = 1$ 时，表明姿态传感器第 i 条通道正常工作；当 $0 \leqslant m_{ii} \leqslant m_i \leqslant m_{pi}$ 且 $m_i \neq 1$ 时，表明姿态传感器第 i 条通道发生时滞。

引入如下矩阵：

$$M_0 = \mathrm{diag}\left(m_{01}, m_{02}, \cdots, m_{0p}\right) \tag{7-49}$$

$$L = \mathrm{diag}\left(l_1, l_2, \cdots, l_p\right) \tag{7-50}$$

$$J = \mathrm{diag}\left(j_1, j_2, \cdots, j_p\right) \tag{7-51}$$

其中，

$$m_{0i} = \frac{m_{li} + m_{ui}}{2}, \quad l_i = \frac{m_i - m_{0i}}{m_{0i}}, \quad j_i = \frac{m_{ui} - m_{li}}{m_{ui} - m_{li}}, \quad i = 1, 2, \cdots, p$$

由以上分析可知，$M = M_0(J + L)$，$|l_i| \leqslant j_i < 1$。

姿态传感器时滞系统可描述为

$$\begin{cases} Ex(k) = A(k)x(k) + A_1(k)x\big[k-l(k)\big] + Pw(k) \\ y(k) = C(k)x(k) + C_1(k)x\big[k-l(k)\big] + Rw(k) \\ z(k) = F(k)x(k) + F_1(k)x(k-1) + Qw(k) \\ x(k) = \phi(k), \quad \forall k \in [-\alpha, 0] \end{cases} \tag{7-52}$$

式中，$x(k)$ 表示姿态控制系统的状态向量；$y(k)$ 表示姿态控制系统的量测输出向量；$z(k)$ 表示姿态控制系统的被估计向量；$w(k)$ 表示干扰信号；$l(k)$ 表示时变时滞，且满足 $0 < l(k) \leqslant \alpha$，$0 < l(k) \leqslant \gamma < 1$，$\alpha$ 和 γ 是已知实常数；$\phi(k)$ 为初始控制函数；P 为正定对称矩阵；R 和 Q 为满秩矩阵；$A(k)$、$A_1(k)$、$C(k)$、$C_1(k)$、$F(k)$ 和 $F_1(k)$ 均是含有不确定性的矩阵，可描述为

$$\begin{cases} A(k) = A + \Delta A(k) \\ A_1(k) = A_1 + \Delta A_1(k) \\ C(k) = C + \Delta C(k) \\ C_1(k) = C_1 + \Delta C_1(k) \\ F(k) = F + \Delta F(k) \\ F_1(k) = F_1 + \Delta F_1(k) \end{cases} \tag{7-53}$$

式中，A、A_1、C、C_1、F 和 F_1 均是已知的适当维数实矩阵；不确定矩阵 $\Delta A(k)$、$\Delta A_1(k)$、$\Delta C(k)$、$\Delta C_1(k)$、$\Delta F(k)$ 和 $\Delta F_1(k)$ 表示范数有界的不确定性。

本节针对姿态角误差控制这种不确定非线性时滞系统，设计适当的非脆弱可靠鲁棒控制器，即找到满足该控制器成立的线性矩阵不等式(linear matrix inequality，LMI)条件。根据前述姿态角误差控制的不确定非线性时滞分析，系统式(7-47)存在如下控制器：

$$u(k) = MK_\Delta x(k) \tag{7-54}$$

使系统式(7-47)在控制器式(7-54)作用下的闭环系统

$$Ex(k+1) = (A_\Delta + C_\Delta MK_\Delta)x(k) \tag{7-55}$$

满足正则、因果和 D-稳定。其中，$K_\Delta = K + \Delta K$，K 为状态反馈增益，ΔK 为状态反馈的不确定时滞项。

$$\Delta K = M_I F_l(k) N \tag{7-56}$$

式中，M_I 和 N 为具有适当维数的已知实常数矩阵。

$$F_l(k)F_l(k)^{\mathrm{T}} \leqslant I \tag{7-57}$$

由文献引理可知，当满足控制系统式(7-47)时，正则、因果且稳定的充要条件是存在可逆对称矩阵 $P>0$，使下述两个不等式成立：

$$E^{\mathrm{T}}PE \geqslant 0 \tag{7-58}$$

对于给定的 $\alpha>0$ 和 $\gamma>0$，姿态角变化系统式(7-47)是正则、因果和 D-稳定的，满足 $\sigma(E,A)\in D(\alpha,R)$ 条件，若存在正定对称矩阵 P、满秩矩阵 R 和 Q，$E^{\mathrm{T}}PE \geqslant 0$，满足以下条件：

$$A^{\mathrm{T}}PA - \alpha E^{\mathrm{T}}PA - \alpha A^{\mathrm{T}}PE + \left(\alpha^2 - \gamma^2\right)E^{\mathrm{T}}PE + \gamma A^{\mathrm{T}}RQ + \gamma Q^{\mathrm{T}}R^{\mathrm{T}}A < 0 \tag{7-59}$$

控制器式(7-54)成立。由于

$$E^{\mathrm{T}}R = 0 \tag{7-60}$$

考虑姿态角误差控制系统式(7-47)，选择该控制系统的 Lyapunov 函数为

$$V(k) = \left[x(k)\right]^{\mathrm{T}} E^{\mathrm{T}}PEx(k) \geqslant 0 \tag{7-61}$$

其沿姿态角误差控制系统式(7-50)的前向差分为

$$\begin{aligned}\Delta V(k) &= V(k+1) - V(k)\\ &= \left[x(k+1)\right]^{\mathrm{T}} E^{\mathrm{T}}PEx(k+1) - \left[x(k)\right]^{\mathrm{T}} E^{\mathrm{T}}PEx(k)\end{aligned} \tag{7-62}$$

因为 $E^{\mathrm{T}}R = 0$，所以有

$$\phi\left\{\left[x(k+1)\right]^{\mathrm{T}} E^{\mathrm{T}}RQx(k)\right\} = 0 \tag{7-63}$$

式(7-62)加上式(7-63)后仍不改变大小，可得

$$\Delta V(k) = \left[x(k+1)\right]^{\mathrm{T}} E^{\mathrm{T}}PEx(k+1) - \left[x(k)\right]^{\mathrm{T}} E^{\mathrm{T}}PEx(k) + \phi\left\{\left[x(k+1)\right]^{\mathrm{T}} E^{\mathrm{T}}RQx(k)\right\} \tag{7-64}$$

令 $a = -\dfrac{\alpha}{\gamma}$，$b = \dfrac{1}{\gamma}$，并代入式(7-64)中，得到

$$\Delta V(k) = \left[x(k)\right]^{\mathrm{T}} \left(\frac{1}{\gamma}A - \frac{\alpha}{\gamma}E\right)^{\mathrm{T}} P\left(\frac{1}{\gamma}A - \frac{\alpha}{\gamma}E\right)x(k) - \left[x(k)\right]^{\mathrm{T}} E^{\mathrm{T}}PEx(k)$$
$$+ \phi\left\{\left[x(k)\right]^{\mathrm{T}}\left(\frac{1}{\gamma}A - \frac{\alpha}{\gamma}E\right)^{\mathrm{T}} RQx(k)\right\} \tag{7-65}$$

式(7-65)经过计算整理后可得

$$\Delta V(k) = \frac{1}{\gamma^2}\left[x(k)\right]^{\mathrm{T}}\begin{pmatrix}(A-\alpha E)^{\mathrm{T}}P(A-\alpha E) - \gamma^2 E^{\mathrm{T}}PE\\ +\gamma(A-\alpha E)^{\mathrm{T}}RQ + \gamma Q^{\mathrm{T}}R^{\mathrm{T}}(A-\alpha E)\end{pmatrix}x(k)$$
$$= \frac{1}{\gamma^2}\left[x(k)\right]^{\mathrm{T}}\sum x(k) \tag{7-66}$$

因为 $ER = 0$，所以有

$$\Sigma = A^{\mathrm{T}}PA - \alpha E^{\mathrm{T}}PA - \alpha A^{\mathrm{T}}PE + \left(\alpha^2 - \gamma^2\right)E^{\mathrm{T}}PE + \gamma A^{\mathrm{T}}RQ + \gamma Q^{\mathrm{T}}R^{\mathrm{T}}A \quad (7\text{-}67)$$

若 $\Sigma < 0$，即 $\Delta V\left[x(k)\right] < 0$，则系统式(7-55)正则、因果且稳定。由文献引理可得，系统式(7-55)如果是正则、因果且稳定的，即 $\sigma(E, A) \in D(\alpha, R)$，则当且仅当系统式(7-47)正则、因果且稳定。

因此，

$$A^{\mathrm{T}}PA - \alpha E^{\mathrm{T}}PA - \alpha A^{\mathrm{T}}PA + \left(\alpha^2 - \gamma^2\right)E^{\mathrm{T}}PA + \gamma A^{\mathrm{T}}RQ + \gamma Q^{\mathrm{T}}R^{\mathrm{T}}A < 0$$

成立，系统式(7-47)的控制器式(7-54)存在。

系统式(7-47)在控制器式(7-54)作用下的闭环系统

$$Ex(k+1) = \left(A_\Delta + C_\Delta MK_\Delta\right)x(k)$$

满足正则、因果和 D-稳定，从而实现姿态角误差的非脆弱可靠鲁棒控制。

7.4　复合式对接机构工作过程中稳定性分析

复合式对接试验台稳定性分析至关重要，尤其是在水平和竖直方向转换时，试验台的稳定性会影响对接机构的对接精度与性能。就目前的发展而言，关于稳定性准则的提出众说纷纭，但并没有一种通用的稳定性判定方法可以全面解决各种不稳定问题。在试验对接过程中，理论上复合式对接试验台所受的外力和力矩是平衡的，但由于对接过程中产生的碰撞会打破原有的平衡状态，因此对复合式对接试验台的运动稳定性提出了很高的要求。本书中的复合式对接试验台要依据相应的配重和转换部分实现运动，其重心在垂直平面内运动，可以采用复合式对接试验台从竖直方向到水平方向运动时关于稳定性的判定方法，即对复合式对接试验台进行纵向及横向稳定性分析，建立规范、适用的数学模型，以此来判断复合式对接试验台的稳定性能。

7.4.1　稳定性准则描述

结合本书的实际要求，复合式对接试验台的稳定性准则可以分为以下五种类型。

(1) 稳定裕度准则：主要用于评定距离，此距离指的是复合式对接试验台重心的水平投影点与支撑架体之间的距离。

(2) 斜率稳定裕度准则：重力逐渐从竖直方向转到水平方向，用于复合式对接试验台斜率的评估。

(3) 翻倒稳定裕度准则：该准则与斜率稳定裕度准则相似，不同之处在于转换的力归纳为外力的范畴。

(4) 能量稳定裕度准则：在复合式对接试验台转换过程中，重心会达到重力势能最大点，由动能和势能之间的变化可估算出复合式对接试验台上最大势能与初始值的幅值差距。

(5) 动力能量稳定裕度准则：类似于能量稳定裕度准则，但所有的外力及其重力都会施加在复合式对接试验台的重心上。

根据上述五种稳定性准则，结合复合式对接试验台的类型，本章分为两种情况来判断复合式对接试验台的稳定性。一种情况是复合式对接试验台处于静态时，考虑到整体机构重心的位置，判断准则采用稳定裕度准则，简称 Sm。另一种情况是复合式对接试验台在转换过程中，即从竖直方向到水平方向的转换过程中伴有重心的移动，从而势能和动能发生变化，从能量守恒的角度采用能量稳定裕度准则，简称 Sne。最后，综合 Sm 和 Sne 两种准则联合判定复合式对接试验台的稳定性[23-25]。

7.4.2　机构静态下稳定性分析

任一时间复合式对接试验台的中心，均应落在支撑架体构成的区域内，这就要保证复合式对接试验台在实现竖直和水平转换时的静态稳定性。在复合式对接试验台转换的同时，主动平台会在滑道上来回运动，被动平台也会上下调整，所以重心始终在移动，这就说明静态稳定性非常重要。复合式对接试验台的静态稳定性，需要采用 Sm 稳定裕度指标来衡量。

Sm 稳定裕度的概念是当支撑架体的重心投影在水平面上时，重心投影点到架体各边距离的最小值。当重心投影点落在内部时，复合式对接试验台符合静力学的稳定性，复合式对接试验台是稳定的；若重心投影点落在外部，则复合式对接试验台静态不稳定。静态稳定性和静态不稳定性示意图如图 7-16 所示。由图可知，Sm 稳定裕度非常直观易懂，并且由其概念可知，计算也方便。重要的是，不依赖于复合式对接试验台机构的尺寸、重量以及重心高度，当复合式对接试验台处于静态稳定时，采用此准则非常合适。

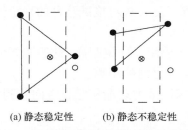

(a) 静态稳定性　　　　(b) 静态不稳定性

图 7-16　静态稳定性和静态不稳定性示意图

复合式对接试验台在静态时有两种状态，分别为竖直方向的试验状态和水平方向的试验状态。在这两种状态下，都要保证其稳定性能。图 7-17 给出了复合式对接试验台处于竖直方向时在某一方向的投影。由图可以看出，机体的重心位于中心，而复合式对接试验台主动平台、被动平台以及配重组件的重心所构成的三角形区域内包含机体的重心。图 7-18 显示了复合式对接试验台处于水平方向的试验状态，如图所示，机体的重心在主动平台、被动平台以及配重组件的重心所组成的三角形区域内。通过分析这两种情况下试验台的状态，根据 Sm 能够判定，复合式对接试验台在静态时是稳定的。

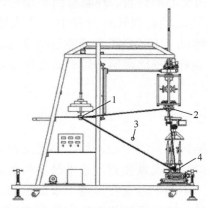

图 7-17　复合式对接试验台竖直方向静态稳定性分析
1-配重组件重心；2-被动平台重心；3-机体重心；4-主动平台重心

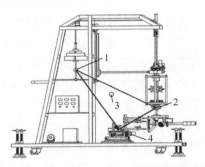

图 7-18　复合式对接试验台水平方向静态稳定性分析
1-配重组件重心；2-被动平台重心；3-机体重心；4-主动平台重心

7.4.3　机构动态下稳定性分析

当复合式对接试验台的转换机构发生翻转，即复合式对接试验台从竖直对接转为水平对接时，复合式对接试验台会因为重心的变化而产生动能和势能的变化。本节从此角度来平衡分析试验台的稳定性。在转换机构翻转的过程中，转换机构的重力势能和动能发生变化。根据能量守恒定律，若机构在翻转过程中增加的重力势能可以与动能相互抵消，则机构将处于稳定状态。由守恒定律可知，重力势能的变化就是重心高度的变化。复合式对接试验台翻转过程中，在到达试验台的重心最高点之前，如果增加的重力势能可以与动能相互抵消，就能判定复合式对接试验台处于稳定状态[26,27]。

选取 Sne 能量裕度分析复合式对接试验台转换时的稳定性，在机构转换过程中，机构的重心穿过重力势能最大点，求出最大势能与初始势能的幅值差，就能从能量角度评估复合式对接试验台在转换时是否具有稳定性。Sne 能量裕度的变化趋势反映的是复合式对接试验台的倾斜趋势。Sne 能量裕度越小，则说明复合式对接试验台可以抵消的翻转动能的能量越小，稳定性越差；Sne 能量裕度越大，则说明复合式对接试验台可以抵消的翻转动能的能量越大，稳定性越好。

与其他准则相比，Sne 能量裕度有如下优势：

(1) 适用于分析斜面的翻转状况，也适用于分析水平面的情况，应用范围非常广，通用性较强。

(2) 通过实时测量计算，可以直观反映复合式对接试验台在转换过程中重心高度的变化对稳定性的影响。

复合式对接试验台转换机构由竖直方向向水平方向翻转时，一般相关的参数有转换机构的斜面倾角、偏转角和重心高度等，这些参数均与 Sne 能量裕度的计算相关，其建模公式可以得出相应的数据。在复合式对接试验台的转换机构中，一般斜面倾角是定值常数，是不可调的。偏转角随着时间的变化而改变，重心高度则可以根据需求进行调节。重心高度作为被测参数，采用单参数法仿真研究，通过改变重心高度来分析重心与 Sne 能量裕度的定性关系，通过定性关系来判断重心高度对复合式对接试验台稳定性的影响。

在运用 Sm 稳定裕度时，需要注意的一个重要的前提条件是，只有当 Sm 稳定裕度大于 0 时，Sne 能量裕度稳定分析才有意义；当 Sm 稳定裕度小于 0 时，无论 Sne 能量裕度如何增加，复合式对接试验台都会失去稳定性。接下来分析在 Sm 稳定裕度不小于 0 的情况下，通过提高 Sne 能量裕度来改善复合式对接试验台的稳定性。

经过相关的探索研究可以得到，降低重心可以提高 Sne 能量裕度，从而减小不稳定因素的影响，以保证复合式对接试验台的稳定性，但是必须保证复合式对接试验台转换机构的重心高度在一定范围内。在复合式对接试验台的构型设计中，转换机构重心高度的最大值和最小值的范围已经确定，在这个范围内，重心高度越小，Sne 能量裕度越高，复合式对接试验台稳定性越好，越不易发生翻转；反之，重心高度越大，Sne 能量裕度越低，复合式对接试验台稳定性越差，不能实现试验过程的顺利对接。经过计算可知，若 Sne 能量裕度大于 0，则试验台稳定；若 Sne 能量裕度小于 0，则可以通过调整重心高度来实现稳定性。

复合式对接试验台从竖直方向到水平方向转换时，主动平台通过滑道向左移动，转换机构也发生翻转。与此同时，被动平台通过配重组件的调节使重心下移，被动平台的转换机构也发生翻转，因此复合式对接试验台的总体动能和势能会发生变化。试验台的动能可以通过相关计算求得。根据技术要求，主动平台的质量为 20kg，被动平台的质量为 30kg，允许的位置容差在 100~150mm。试验台转换机构的重心最大值与最小值可以通过构型设计确定。

复合式对接试验台主/被动平台的速度质心均在本体上，因此所有固定在主/被动平台上的点相对于静坐标系的相对速度为零，相对于体坐标系的速度可表示为

$$v_i = \frac{\mathrm{d}}{\mathrm{d}t}\left(T^i r_i\right) = \left(\sum_{j=1}^{i} \frac{\partial_i T}{\partial q_j} q_j\right) r_i \tag{7-68}$$

式中，T 为旋转矩阵；$q_j(j=1,2,3,\cdots,i)$ 为坐标系上的点；r_i 为质心矢量。

设 k_i 为用体坐标系表示的动能，$\mathrm{d}k_i$ 为试验台微元质量 $\mathrm{d}m$ 的动能，可表示为

$$\mathrm{d}k_i = \frac{1}{2}\left(x_i^2 + y_i^2 + z_i^2\right)\mathrm{d}m = \frac{1}{2}\mathrm{trace}\left(v_i \ v_i^{\mathrm{T}}\right) = \frac{1}{2}T_r\left(v_i \ v_i^{\mathrm{T}}\right)\mathrm{d}m \tag{7-69}$$

$$\begin{aligned}
\mathrm{d}k_i &= \frac{1}{2}T_r\left[\sum_{p=1}^{i}U_{ip}\dot{q}_p r_i\left(\sum_{r=1}^{i}U_{ir}\dot{q}_r r_i\right)^{\mathrm{T}}\right]\mathrm{d}m \\
&= \frac{1}{2}T_r\left[\sum_{p=1}^{i}\sum_{r=1}^{i}U_{ip}r_i r_i^{\mathrm{T}}U_{ir}^{\mathrm{T}}\dot{q}_p\dot{q}_r\right]\mathrm{d}m \\
&= \frac{1}{2}T_r\left[\sum_{p=1}^{i}\sum_{r=1}^{i}U_{ip}\left(r_i\mathrm{d}m r_i^{\mathrm{T}}\right)U_{ir}^{\mathrm{T}}\dot{q}_p\dot{q}_r\right]
\end{aligned} \tag{7-70}$$

$$k_i = \int \mathrm{d}k_i = \frac{1}{2}T_r\left[\sum_{p=1}^{i}\sum_{r=1}^{i}U_{ip}\left(\int r_i r_i^{\mathrm{T}}\mathrm{d}m\right)U_{ir}^{\mathrm{T}}\dot{q}_p\dot{q}_r\right] \tag{7-71}$$

$$k = \sum_{i=1}^{n}k_i = \frac{1}{2}\sum_{i=1}^{n}T_r\left(\sum_{p=1}^{i}\sum_{r=1}^{i}U_{ip}J_i U_{ip}^{\mathrm{T}}\dot{q}_p\dot{q}_r\right) = \frac{1}{2}\sum_{i=1}^{n}\sum_{p=1}^{i}\sum_{r=1}^{i}\left[T_r\left(U_{ip}J_i U_{ip}^{\mathrm{T}}\right)\dot{q}_p\dot{q}_r\right] \tag{7-72}$$

复合式对接试验台的势能变化主要是由被动平台上下调整引起的，每个组件势能 p_i 为

$$p_i = -m_i g r_i = -m_i g\left(T^i r_i\right) \tag{7-73}$$

式中，g 和 r_i 分别为重心和质心的矢量。因此，总势能为

$$p = \sum_{i=1}^{n}p_i = \sum_{i=1}^{n}-m_i g\left(T^i r_i\right) \tag{7-74}$$

复合式对接试验台的总动能和总势能求解出来以后，就可以采用 Sne 能量裕度表达式来判断试验台处于转换时的稳定性：

$$\mathrm{Sne} = \sqrt{1 - \sin^2\left(k - \xi\right)\sin^2 x} - \left\{h\cos y + \left[-\cos\left(k - \xi\right)\right]\right\} \tag{7-75}$$

将复合式对接试验台的相关参数代入式(7-75)进行计算求解，得出的 Sne 是大于零的。由之前的理论可知，试验台在转换过程中处于稳定的状态。

复合式对接试验台的被动平台转换机构通过安装法兰及加长杆的平衡实现稳定性，因此无须讨论，但是试验台的主动平台转换机构在转换过程中的稳定性需要进行进一步分析。下面对主动平台转换机构建立数学模型，如图 7-19 所示。转换机构绕支撑点连线上点 P 翻转，d 为重心投影点到点 P 的距离，ξ 为

机体偏转角，$\angle OPM$ 是 OP 与 X 轴的夹角。根据构型设计中的相关参数，d 取为 10cm，重心高度取为 8cm，机体偏转角 ξ 取为 30°。

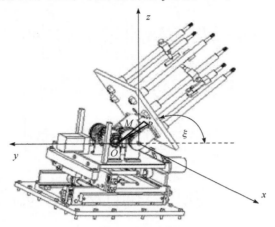

图 7-19　转换机构数学模型

在此类的翻转过程中，Sne 能量裕度可表示为

$$\text{Sne} = \sqrt{h^2 + d^2}\sqrt{1 - \sin^2(h-x)\sin^2 h} - \left\{ h\cos y + d\left[-\cos(h-x)\sin h \right] \right\} \quad (7\text{-}76)$$

把上述参数代入式(7-76)中，计算可知 Sne 能量裕度大于零，在许用的范围之内。依据上面的准则，转换机构在动态过程中处于稳定状态。稳定性与机构的重心位置、机构的倾斜角度相关，重心的高度越低，稳定性越好。因此，在复合式对接试验台发生翻转的过程中，稳定性能够得到保证。

7.4.4　Sm 与 Sne 联合判定复合式对接试验台的稳定性

将 Sm 稳定裕度和 Sne 能量裕度结合起来判定复合式对接试验台在静态和转换的两种状态下的稳定性，是非常有创新意义的。复合式对接试验台在静态下，Sm 稳定裕度可限定其有翻转的倾向，以便及时调整重心高度。但是在复合式对接试验台处于翻转的情况下，Sne 能量裕度能实时判断复合式对接试验台的稳定性。基于两种方法各自的优势，本节研究采用 Sm 稳定裕度与 Sne 能量裕度相结合的方式判定复合式对接试验台稳定性的流程。

Sm 和 Sne 联合判定稳定性流程如图 7-20 所示。由图可知，对于复合式对接试验台，首先通过实时计算 Sm 稳定裕度，判断支撑架重心投影点是否落在由各机构组成的重心所构成的三角形内。若不满足这一条件，则可判定复合式对接试验台不稳定；若满足这一条件，则进一步对 Sne 能量裕度进行计算。若

Sne 能量裕度小于设定的最小值，则复合式对接试验台有翻转的倾向，应及时调整复合式对接试验台的重心高度使其保持稳定；若 Sne 能量裕度大于设定的最小值，则可判定复合式对接试验台在翻转时也是稳定的。

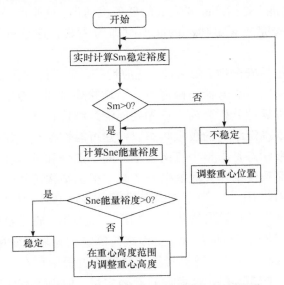

图 7-20　Sm 和 Sne 联合判定稳定性流程图

由此可知，在分析复合式对接试验台的稳定性时，只有同时满足 Sm 稳定裕度和 Sne 能量裕度的条件，才能断定复合式对接试验台是稳定的。

7.5　复合式对接试验台关键部件的结构可靠性分析

7.5.1　可靠性理论基础

复合式对接试验台作为重要的地面对接模拟试验设备，其可靠性是衡量整体性能的一个重要指标，而一个机械系统的可靠性取决于构成该系统的各个子系统及零部件的可靠性，本节针对试验台的可靠性要求，结合有限元分析结果，利用蒙特卡罗法对试验台的关键部件进行结构可靠性分析。

可靠性的概念为：产品在规定条件下、规定时间内完成规定功能的能力。

在进行机械产品可靠性研究之前，先了解以下几个概念。

(1)　"产品"是指所要研究的对象，既可以是一个零件，也可以是由许多个零件组成的机构或系统，甚至是由多个机器组成的机组成套设备。

(2)　"规定条件"是指产品所处的环境和应用条件，包括温度、湿度、压力、振动、载荷、磨损及维修等。

(3) "规定时间"是指产品的可靠使用寿命,不只局限于时间,还可以是工作次数、距离等[5]。

(4) "规定功能"是指产品要完成的任务或动作,这是产品设计初期就要明确的,当产品丧失完成规定功能的能力时即为失效,这是可靠性分析中非常重要的指标。

产品可靠性包括安全性、耐久性、适应性等。可靠性的衡量指标有可靠度、失效率、平均寿命、可靠寿命、修复率、平均修理时间、有效度和重要度等。

在进行结构可靠性分析之前,首先要弄清楚结构在什么条件或状态下视为可靠或不可靠,要确定结构的极限状态以构建可靠性模型,需确定可靠性判定条件。结构的极限状态是指整个机构、零件的一部分和整体在工作过程中超出其某一特定状态而致使工作失效的极限状态。根据结构可靠性的思想建立描述结构极限状态的函数 $G(X)$,当结构极限状态 $G(X) > 0$ 时,认为可靠,$G(X) = 0$ 为临界状态,$G(X) < 0$ 则为失效状态,如图 7-21 所示。将影响机械结构可靠性的因素,如材料的强度、结构尺寸、工作载荷等定义为随机变量,用 X 来表示,则有 $X = (X_1, X_2, X_3, \cdots, X_n)$,随机变量就是试验过程中可在一定取值范围内随机取值,并对结果变量具有一定影响的不确定量,但由工程实践经验可知,这些不确定量通常具有特定分布类型和特征。

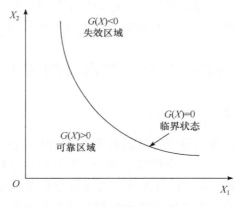

图 7-21　结构状态

影响结构性能的随机变量一般可分为两类。一类是载荷变量,直接或间接作用在结构上,对结构性能具有较大的影响力。当载荷超过结构的承受极限时,结构可能会发生破坏,丧失工作能力,载荷的主要形式有力、力矩、温度、扭矩等。另一类是结构抵抗这些载荷影响的能力,这种能力是由结构自身的材料、形状等特性决定的[28,29]。

对结构进行分析时，用 R 表示结构抗力，S 表示载荷综合效应，$X_1, X_2, X_3, \cdots, X_n$ 表示影响因素变量，则有

$$R = R(R_{X_1}, R_{X_2}, R_{X_3}, \cdots, R_{X_n}) \tag{7-77}$$

$$S = S(S_{X_1}, S_{X_2}, S_{X_3}, \cdots, S_{X_n}) \tag{7-78}$$

这样即可将随机变量进行分类处理，将随机变量较多的问题简化为两个随机变量的问题，由此可得出机构的状态函数为

$$G(R, S) = R(X) - S(X) \tag{7-79}$$

一般认为式(7-77)和式(7-78)中的 R 和 S 遵循正态分布，则结构的可靠度为

$$\begin{aligned}
P_r = P\big[G(X) > 0\big] = P(R > S) &= \int_{-\infty}^{+\infty} f_S(S) \int_S^{+\infty} f_R(R) \mathrm{d}R \mathrm{d}S \\
&= \int_{-\infty}^{+\infty} f_R(R) \int_{-\infty}^R f_S(S) \mathrm{d}S \mathrm{d}R
\end{aligned} \tag{7-80}$$

结构失效率为

$$P_f = 1 - P_r = \int_{-\infty}^{+\infty} f_S(S) \int_{-\infty}^S f_R(R) \mathrm{d}R \mathrm{d}S \tag{7-81}$$

可靠性分析实则是一个概率求解的过程，首先分析对象的输入变量对结构要求输出变量的影响，然后通过可靠性状态函数求出结构符合工作可靠性要求的概率，从而对结构可靠性进行判定。

7.5.2　可靠性分析方法

可靠性分析是通过建立的可靠性模型分析输入随机变量的不确定性对结构性能的影响，然后通过可靠性指标对分析结果进行评判。本节在进行结构可靠性分析时选择的评定指标为可靠度。在实际工程中，直接通过式(7-80)对结构可靠度进行计算是非常难实现的。ANSYS 软件中的概率设计模块(probability design system，PDS)可帮助工程技术人员解决工程中的概率问题。PDS 将有限元分析与概率分析技术相结合，以概率分析为基础，从有限元的角度分析输入随机变量对结构性能及可靠性的影响。

通过前面的介绍可知，可靠性分析的过程实则是概率求解问题。ANSYS 软件中的概率分析模块主要提供蒙特卡罗法和响应面法(response surface methodology，RSM)两种方法。

1. 蒙特卡罗法

蒙特卡罗法也称随机模拟法，是以统计抽样理论为基础的近似数值模拟方法，通过对输入变量的随机统计抽样试验或模拟，进而对状态函数进行估计和描述。其基本思想是将所要求解问题的解作为参数建立一个概率模型或随机过程，对该模型或随机过程进行模拟抽样试验来计算所求参数的统计特征，最后给出近似解。利用蒙特卡罗法进行机械结构的可靠性分析计算的主要步骤如下。

(1) 建立概率分析模型，即确定机构的状态函数，用于可靠度计算。

(2) 确定输入变量的概率密度函数，根据相关资料或工程经验确定各输入变量的分布状态。

(3) 输入变量的模拟抽样，指定输入变量的抽样次数 N 及抽样方法，抽样方法主要有直接抽样法、拉丁超立方抽样法和方向抽样法。

(4) 可靠度计算，在抽样分析过程中记录结构可靠次数 $N_{R>S}$，则 N 次模拟抽样中结构的可靠度为

$$P_r = \frac{N_{R>S}}{N} \tag{7-82}$$

式中，N 越大，计算结果的准确度越高。

蒙特卡罗法的优点在于其收敛速度不受变量的维度影响，模拟分析过程与状态函数的复杂程度无关，这样就可以规避结构可靠性分析过程中的数学难题，不用考虑功能函数的非线性，以及极限状态曲面复杂性的问题，是一种简单、直观、适用性较高的可靠性分析方法，现已得到广泛应用。

2. 响应面法

响应面法最初是由 Box 和 Wilson 提出的，最初的研究目的在于如何通过统计的方法获得一个显式函数，进而近似逼近一个较复杂的隐式函数，随后才被逐渐拓展应用于机械领域。将响应面法应用于可靠性分析的基本思想是尽可能少地通过一系列的确定性试验拟合出一个响应面，进而代替模拟的真实不确定的曲面进行可靠性分析，即通过数据拟合出一个近似逼近真正的极限状态函数 $G(x)$ 的近似状态函数 $G'(x)$，作为有限元可靠性分析的功能函数进行可靠性分析。对于 n 个随机变量 $x_1, x_2, x_3, \cdots, x_n$，将近似状态函数用二次多项式表示为

$$G'(x) = \beta_0 + \sum_{i=1}^{k} \beta_i x_i + \sum_{i=1}^{k} \beta_{ii} x_i^2 \tag{7-83}$$

式中，β_0、β_i、β_{ii} $(i=1,2,3,\cdots,k)$ 为待定系数，可用最小二乘法估计近似多项

式的系数，若拟合面函数与真实状态函数近似，则可将曲面分析等价于实际情况分析，即可得到模型的有效性能参数。

从根本上来看，响应面法是数学与统计相结合的产物，是一种用于处理系统或结构的随机变量与响应变量间复杂转换关系的有效方法。基于响应面法的可靠性分析具体流程如下。

(1) 样本点采样，这一过程要求应用相应的试验方法对样本空间进行样本采样，目前最快速有效的方法是通过蒙特卡罗法对样本空间进行取点采样。

(2) 响应面拟合，依据第(1)步的采样数据，选择合适的拟合表达式进行样本拟合，常用的表达式有三种，即线性模型、含交叉项的二次模型和不含二次交叉项的模型，一般需要根据工程实际情况选择相对简单、待定系数较少的表达式进行数据拟合，以提高计算效率。

(3) 利用响应面进行可靠度计算，以第(2)步拟合出的响应面函数代替未知的状态函数进行可靠度的分析计算，最终得到结构可靠性。

响应面法的优点是在进行可靠性分析时所需进行的模拟抽样次数较少，但其模拟抽样次数应依据输入随机变量的数量来决定。

3. ANSYS 可靠性分析过程

ANSYS 作为通用的有限元分析软件之一，在现代机械工程中得到了广泛的应用。它涵盖的功能模块领域很广，集结构、热、电磁、流体、声学、光学、振动等于一体，具有灵活、开放的解决方案，为工程设计与研究提供有效全面的协同仿真环境。ANSYS 提供的概率设计模块作为结构可靠性分析模块，是在定量的有限元分析的基础上进行模拟抽样得到离散的大量结果，然后对结果进行统计分析得到统计特性的过程，进而对分析对象进行可靠性分析。利用概率设计模块进行可靠性分析的步骤具体如下。

(1) 生成可靠性分析文件。在进行可靠性分析时，首先要生成一个分析文件，作为可靠性分析过程中抽样的循环执行文件，它包括模型建立、加载求解、结果后处理及提取等完整的命令，将整个过程保存为执行文件的命令流程。

(2) 可靠性分析。分析流程为：①进入概率设计模块功能模块，指定第(1)步中生成的文件为分析文件；②定义输入变量及它们之间的相关系数；③定义输出变量；④指定输入变量的分布函数，选择分析方法，本节选择蒙特卡罗法对随机数据进行抽样分析，定义抽样次数，循环执行分析文件。

(3) 对分析结果进行后处理，得出分析模型在输入变量影响下的可靠性概率及与影响因素间的关系。

7.5.3　关键部件可靠性分析

部件既可以是零件的组合体，也可以是单一的零件，它是构成机械系统的基本单元，零部件通过特定的连接方式、约束和传动构成系统，因此系统性能的好坏取决于各个部件本身的性能。部件性能的好坏将直接影响与之相关的机构甚至整个系统的工作能力，因此为了保证复合姿态对接试验台的性能，对其关键部件进行可靠性分析是十分必要的。

1. 关节球可靠性分析

对于被动运动模拟器，其三个转动自由度都是通过球关节来实现的，因此球关节结构的可靠性直接影响被动平台的性能和工作的可靠性。由前述介绍可知，球关节的运动是依靠平衡组件和芯轴来实现的，通过平衡盘在平衡杆件上的位移变换产生转动力矩，通过芯轴将力矩传递给关节球，进而使其在球瓦中绕自身球心转动，实现位姿角度的变化。芯轴、平衡组件及末端机构(转换机构、法兰)的质量通过芯轴与球关节接触的轴肩作用于关节球。当球关节转动时，其外表面与轴瓦内表面相对转动产生摩擦应力，依据设计要求，球关节各自由度的转角范围为$-5°\sim5°$。另外，由前述分析可知，在对接过程中，产生的碰撞力将会对球关节部件产生冲击作用，附加给球关节一个冲击载荷。

采用 ANSYS 软件对关节球进行转动过程中的受力及变形分析，其分析过程主要包括前处理、施加载荷及求解、后处理三个步骤。通过 Pro/E 软件建立分析对象的三维模型，再通过 Pro/E 与 ANSYS 软件的功能接口将模型导入，从而进行有限元分析。首先定义模型材料并划分网格，共生成 3293 个单元、6892 个节点，在球关节上表面施加力载荷，在转动中心施加转角载荷，以限制轴瓦的六个自由度，关节球具有绕球心的转动自由度，定义完成后对模型进行求解，得到球关节的应力、应变云图如图 7-22 所示。求解结束后，需要对结果进行提取，并将值赋给指定的输入变量和输出变量的参数，然后生成并整理出完整的分析文件。

由分析结果可知，当球关节转动到最大角度 5°时，其所受的应力和应变最大，球关节的最大等效应力为 37.7744MPa，最大等效应变为 0.000179mm/mm，球关节的材料为 40Cr，极限强度为 760MPa，远大于球关节所受的最大等效应力，因此球关节的设计满足要求。

上述分析完成后，关节球可靠性分析的初始化工作已完成。下面进入 ANSYS 软件的 PDS 功能模块，对关节球进行概率可靠性分析。

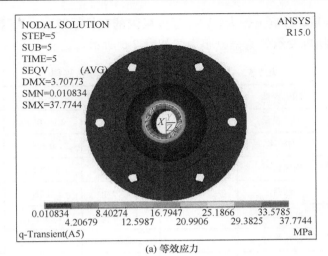

(a) 等效应力

(b) 等效应变

图 7-22　球关节应力、应变分析云图

首先定义输入随机变量。影响零件强度的因素有很多，如结构尺寸、材料性能(弹性模量、极限强度、泊松比)、载荷情况等，由于球关节加工制造的精度较高，尺寸偏差很小，在此不考虑结构尺寸对关节球的影响，只考虑载荷和材料性能的影响。材料性能的随机变化通常用正态分布来描述，载荷的随机变化过程一般用正态分布或对数分布来描述，变量的随机变化规律用变异系数来表示。

根据经验，材料性能参数变量的变异系数取值在 0.01～0.1，弹性模量和泊松比的变异系数取 0.05，强度极限和载荷所产生的最大应力构成判断零件是否失效的功能函数,影响力较大,因此强度极限的变异系数取 0.2,载荷的变异系数取 0.3,各随机变量的概率分布规律如表 7-5 所示。

表 7-5 关节球各随机变量的概率分布规律

类别	随机变量	符号	分布类型	平均值	标准差
输入变量	弹性模量	EX	正态分布	$2.1×10^{11}$Pa	$1.05×10^{10}$Pa
	泊松比	PRXY	正态分布	0.269	0.0135
	强度极限	YIES	正态分布	$7.6×10^{2}$MPa	$1.52×10^{2}$MPa
	载荷	F	正态分布	700N	210N
	冲击载荷	F_1	正态分布	280N	84N
	转角载荷	R	正态分布	5°	1.5°
输出变量	最大等效应力	MAXSTR	—	—	—
	功能函数	Z	—	—	—

另外,在进行蒙特卡罗模拟抽样时,首先要选定抽样方法,然后设定抽样次数进行抽样分析。蒙特卡罗法包含三种抽样方法,其中直接抽样法是最常用但不是最有效的抽样方法,其缺点是需要保证分析的精度,并进行大量的循环抽样,一般选用直接抽样法,至少进行 10^5 次抽样才能保证结果的准确性。另外,直接抽样法对抽样的过程没有记忆功能,容易出现随机变量参数采样集中的现象,导致采样点分布不均匀,某些集中点数据被反复提取计算,进而造成分析误差。而拉丁超立方抽样法相对于直接抽样法更先进有效,与直接抽样法最大的区别在于它具有抽样记忆功能,避免了直接抽样法可能会出现的采样点集中的问题,而且还强制在抽样过程中,抽样点必须散布于整个样本空间,因此大大减少了抽样次数,只需要进行 10^3 次抽样即可达到预期结果,有效减少了分析耗时。同时,在可靠性分析中,为了进一步确保分析结果的准确性,将满足置信水平 95%的相对误差作为抽样的评定标准。

根据表 7-5 中各随机变量的概率分布规律设置随机输入变量和随机输出变量,采用蒙特卡罗法的拉丁超立方抽样法进行 1000 次抽样,每次抽取一个随机变量样本值代入分析文件进行一次模拟计算,得出一个对应的最大等效应力,1000 次抽样计算完成后进入后处理阶段,在概率分析结果中可查看抽样点分布曲线和抽样趋势曲线,如图 7-23 所示。

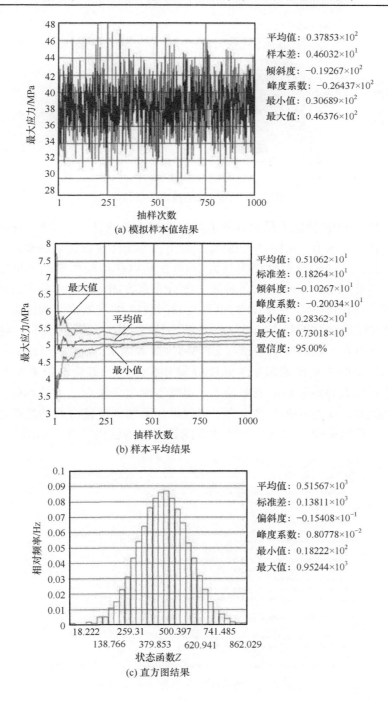

(a) 模拟样本值结果

(b) 样本平均结果

(c) 直方图结果

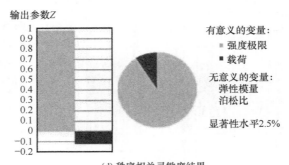

(d) 秩序相关灵敏度结果

图 7-23　关节球的概率分析结果

图 7-23(a)和(b)分别为模拟样本值结果和样本平均结果，横轴为抽样次数，纵轴为对应的样本值。由图 7-23(b)可以看出，当抽样次数达到 500 时，抽样结果基本收敛，这说明设置抽样次数为 1000 次足以获得较为准确的可靠性模拟抽样分析结果。图 7-23(c)为状态函数 Z 的分布直方图，其概率分布近似呈正态分布。图 7-23(d)显示了状态函数(也称失效函数)Z 的灵敏度影响因素，描述了输入变量对输出参数即状态函数 Z 的影响力情况，其中显著性水平不超过 2.5% 的为非显著因素，显著性水平超过 2.5%的为显著因素。由图 7-23(d)可以看出，对关节球失效的主要影响因素为强度极限和载荷 F，其中载荷 F 的影响为负数，说明 F 越大导致失效的概率越大。当状态函数 $Z<0$ 时，关节球的强度极限小于最大应力，视为零件失效。为了确保采用蒙特卡罗法分析的准确性，在分析时通常将置信度设为 95%，查看状态函数 $Z<0$ 的输出结果，如图 7-24 所示。

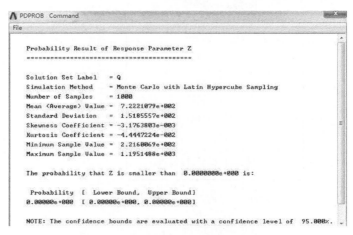

图 7-24　关节球状态函数 $Z<0$ 的概率

由图 7-24 状态函数的概率分析结果可知，在置信度为 95%的条件下，$Z<0$ 的

概率为零，也就是说关节球的失效率为零，间接得出其可靠度为 1，结构可靠。

2. 芯轴可靠性分析

芯轴作为被动运动模拟器转动部分的重要部件，在关节球与平衡组件间起支撑、连接作用，其可靠性的好坏直接影响试验台的整体可靠性。若芯轴在工作中因负载产生弯曲变形，则平衡组件通过芯轴传递的转动力矩就会出现误差，最终导致球关节转动角度出现偏差，使被动运动模拟器的位姿出现误差，影响对接试验的可靠性。依据设计要求，芯轴在工作中的弯曲位移变形不得超过 1mm。

同样，由前面的分析可知，当球关节的转动角度为 0°，即球关节不发生转动时，芯轴通过轴肩由球关节支撑只承受轴向载荷；当球关节发生偏转时，芯轴随之偏转，这是因为平衡组件及末端机构不仅对芯轴产生轴向力，还产生径向力，其数值随偏转角度变化。由球关节的运动特性可知，在转动过程中，芯轴所承受的轴向力与芯轴两端平衡组件和末端机构的作用力呈转角的正弦关系。再由球关节的运动范围可知，轴向力的变化范围较小，而径向力的变化范围较大，因此取球关节运动到极限位置时芯轴的受力状态进行分析。此外，对接过程中产生的碰撞力同时也会对芯轴产生冲击作用。

按照与关节球同样的分析过程，首先采用有限元法对芯轴进行静力学分析，得出结果分析云图，如图 7-25 所示。由图可以看出，极限位置芯轴的最大等效应力为 5.93649MPa，最大变形为 0.05753mm。

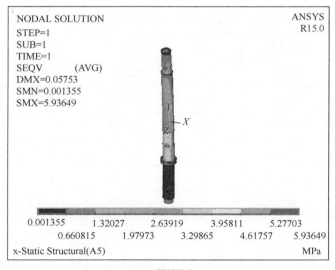

(a) 等效应力

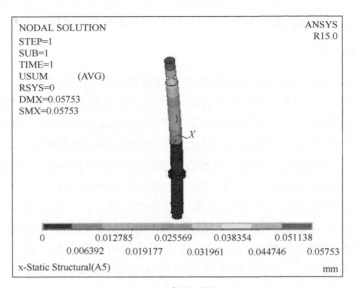

(b) 变形云图

图 7-25　芯轴分析云图

　　芯轴的材料为 45 号钢，其强度极限为 355MPa，远大于芯轴的最大等效应力，符合设计要求，另外最大变形量未超出设计值，也满足要求。

　　采用蒙特卡罗法对芯轴进行可靠性模拟抽样分析，芯轴各随机变量的概率分布规律如表 7-6 所示。

表 7-6　芯轴各随机变量的概率分布规律

类别	随机变量	符号	分布类型	平均值	标准差
输入变量	弹性模量	EX	正态分布	$2.11×10^{11}$Pa	$1.06×10^{10}$Pa
	泊松比	PRXY	正态分布	0.3	0.015
	强度极限	YIES	正态分布	$3.55×10^8$Pa	$7.1×10^7$Pa
	载荷	F_1	正态分布	200N	60N
	冲击载荷	F_2	正态分布	79.2N	23.76N
	载荷	F_3	正态分布	300N	90N
	载荷	F_4	正态分布	280N	84N
输出变量	最大等效应力	MAXSTR	—	—	—
	功能函数	Z	—	—	—

设抽样次数为 1000 次，得到的最大应力抽样曲线及状态函数的分析结果如图 7-26 所示。最大应力样本趋势曲线趋于平稳，抽样次数足够，状态函数 Z 的分布接近正态分布，影响状态函数 Z 的灵敏度的主要因素为强度极限和载荷 F_1、F_3、F_4，如图 7-26(d)所示。

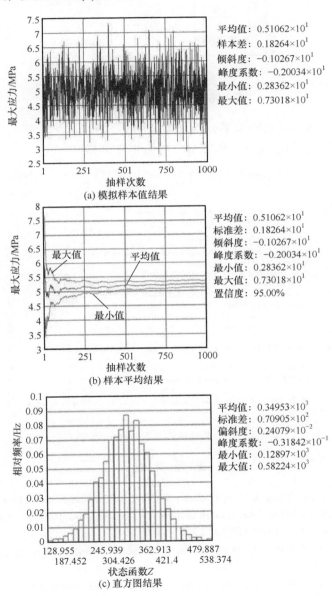

(a) 模拟样本值结果

平均值：0.51062×10^1
样本差：0.18264×10^1
倾斜度：-0.10267×10^1
峰度系数：-0.20034×10^1
最小值：0.28362×10^1
最大值：0.73018×10^1

(b) 样本平均结果

平均值：0.51062×10^1
标准差：0.18264×10^1
倾斜度：-0.10267×10^1
峰度系数：-0.20034×10^1
最小值：0.28362×10^1
最大值：0.73018×10^1
置信度：95.00%

(c) 直方图结果

平均值：0.34953×10^3
标准差：0.70905×10^2
偏斜度：0.24079×10^{-2}
峰度系数：-0.31842×10^{-1}
最小值：0.12897×10^3
最大值：0.58224×10^3

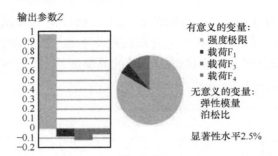

(d) 秩序相关灵敏度结果

图 7-26 芯轴的概率分析结果

由图 7-27 状态函数的概率分析结果可知，$Z<0$ 的概率为零，失效率为零，即可靠度为 1，证明在正常工作载荷下芯轴工作可靠[1]。

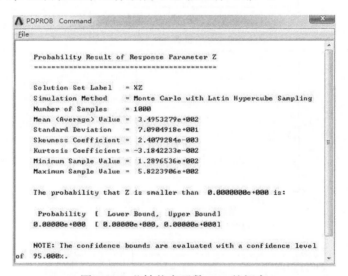

图 7-27 芯轴状态函数 $Z<0$ 的概率

参 考 文 献

[1] Zhang Y, Shao J P, Zhang L Y, et al. Analysis on modeling and motion simulation based on manipulator end executor of small satellite during the grasping process[J]. International Journal of Smart Home, 2015, 9(10): 125-132.

[2] Dai Y, Xiang C F, Zhang Y, et al. A review of spatial robotic arm trajectory planning[J]. Aerospace, 2022, 9(7): 361.

[3] Dai Y, Xiang C F, Qu W Y, et al. A review of end-effector research based on compliance control[J]. Machines, 2022, 10(2): 100.

[4] 周丽丽. 新型捕获对接机构仿真分析与试验研究[D]. 哈尔滨: 哈尔滨理工大学, 2015.

[5] 张元, 范长珍. 复合式对接试验台构型及动力学分析[J]. 哈尔滨理工大学学报, 2018, 23(1): 7-12.

[6] Dai Y, Xiang C F, Liu Z X, et al. Modular robotic design and reconfiguring path planning[J]. Applied Sciences, 2022, 12(2): 723.

[7] 张瀚博. 空间桁架在轨组装机器人设计与重构策略研究[D]. 哈尔滨: 哈尔滨理工大学, 2020.

[8] 范长珍. 复合姿态对接试验台构型优化及关键部件可靠性分析[D]. 哈尔滨: 哈尔滨理工大学, 2017.

[9] Dai Y, Liu Z X, Qi Y S, et al. Spatial cellular robot in orbital truss collision-free path planning[J]. Mechanical Sciences, 2020, 11(2): 233-250.

[10] Dai Y, Liu Z X, Zhang H B, et al. Recent patents for modular self-reconfigurable robot[J]. Recent Patents on Mechanical Engineering, 2019, 12(4): 279-289.

[11] Dai Y, Zhang H B, Qi Y S. Recent patents on valve mechanism device[J]. Recent Patents on Mechanical Engineering, 2020, 13(3): 230-241.

[12] 张元. 空间对接机构及六自由度仿真试验台研究[D]. 哈尔滨: 哈尔滨理工大学, 2017.

[13] 吕晶薇, 高语斐, 戴野, 等. 异类细胞单元构型策略与装配研究[J]. 哈尔滨理工大学学报, 2021, 26(6): 55-65.

[14] Zhang Y, Shao J P, Wang P, et al. Non-fragile reliable control law with the D-stability of a claw-shaped docking mechanism based on kinetic analysis[J]. Journal of Computational and Theoretical Nanoscience, 2016, 13(3): 1584-1592.

[15] Dai Y, Gao Y F, Wen W J. Recent patents for space docking mechanism[J]. Recent Patents on Mechanical Engineering, 2021, 14(2): 164-174.

[16] 张丽媛. 复合对接试验台的构型设计及稳定性分析[D]. 哈尔滨: 哈尔滨理工大学, 2016.

[17] Lai Y N. Design of an automatic autonomous mini prone-cone microsatellite docking mechanism[J]. Chinese Journal of Mechanical Engineering, 2010, 23(3): 353.

[18] Zhang Y, Sun L L, Lai Y N, et al. Dynamics and attitude error analysis for dock test system of small satellite[J]. Transactions of Nanjing University of Aeronautics and Astronautics, 2015, 32(4): 372-379.

[19] 戴野. 小型通用自主对接机构设计及试验研究[D]. 哈尔滨: 哈尔滨理工大学, 2006.

[20] Zhang Y, Zhou L L, Wang J, et al. Research on dynamics simulation of buffering process of docking mechanism[J]. Applied Mechanics and Materials, 2014, 701-702: 748-752.

[21] 张元, 孙丽丽, 王健, 等. 新型六自由度运动模拟器及其性能测试[J]. 哈尔滨理工大学学报, 2014, 19(4): 38-43.

[22] 张元, 孙丽丽, 胡乃文, 等. 小型卫星立式对接测试平台的动力学分析[J]. 哈尔滨理工大学学报, 2014, 19(2): 6-11.

[23] Zhang Y, Wang J, Song Y, et al. Dynamic simulation analysis for docking mechanism of on-orbit-servicing satellite[J]. Applied Mechanics and Materials, 2014, 487: 313-318.

[24] Zhang Y, Wang Y Y, Song Y, et al. Kinematics analysis and simulation of small satellite docking mechanism end executor[J]. Applied Mechanics and Materials, 2014, 487: 460-464.

[25] 王健. 在轨对接平台新型抓持机构设计与动力学仿真分析[D]. 哈尔滨: 哈尔滨理工大

学, 2014.

[26] 孙丽丽. 立式对接测试平台的分析设计与试验研究[D]. 哈尔滨: 哈尔滨理工大学, 2014.

[27] 王盈盈. 小型卫星机械臂末端执行器抓接机构设计及仿真分析[D]. 哈尔滨: 哈尔滨理工大学, 2014.

[28] 于洋涛. 基于虚拟样机的小型通用快速自主对接机构研究[D]. 哈尔滨: 哈尔滨理工大学, 2006.

[29] 赵明军. 小型卫星对接机构地面六自由度试验台关键技术研究[D]. 哈尔滨: 哈尔滨理工大学, 2011.

第8章 六自由度仿真试验台控制系统方案设计

8.1 控制系统原理与方案设计

本章根据系统的控制功能要求，在满足技术指标要求的前提下，设计控制系统的总体方案。控制检测系统由可编程控制器及配套软硬件组成，测试试验台全部控制信号和检测信号均通过各自的电路传输到控制系统中，并通过控制装置上的触摸屏显示出来，控制信号可通过触摸屏按键输入控制系统。

8.1.1 控制系统的功能要求

对接试验台控制系统能够反映对接试验运动的精度，并决定对接成功与否，因此需要对控制系统的功能要求进行深入分析[1-5]。

1. 六自由度位置信号输入与输出

试验台 X、Y、Z 轴移动位置的测量信息以及 Z 轴旋转角度的测量信息需要通过传感器输入控制系统中；X、Y 轴的转角测量信息通过角度尺对应的接近开关判断是否达到该角度。在传感器将上述自由度位姿测量信号反馈到控制系统后，根据初始条件将控制信号输出到各自由度的控制电机上，通过控制和传感器两系统的定位和反馈，实现各自由度达到所要求的位置。

2. 限位保护及紧急制动

为防止整机特性测试台出现异常情况造成试验件损坏，控制系统需要采用多种安全保护措施。例如，各自由度要求设有三级行程保护，即软件限位、行程开关及机械限位。此外，为了防止力传感器超过所设定力/力矩阈值，应设有力/力矩限位开关；测控台通过对对接机构状态进行判定，可以控制对接试验台的运动，当测控台测试中止信号保持为高时，整机的运动被禁止；当测控台发现对接机构异常时，可通过急停信号使测控台紧急制动；为了在突发状况下达到制动的快速性，需设有急停按钮，这些信号不经控制计算机，直接控制主控制回路。

3. 对接实时状态显示

对接机构全部控制检测信号均通过各自的电路与控制系统相交互，并在控制系统的显示屏上显示出来，六自由度控制量可通过人机界面输入。

4. 判断对接任务成功与否

系统对接完成后，控制系统需要控制演示系统开始进行电、液、气等回路的演示，并且演示后各路的接通信号能够通过控制系统直观显示。

8.1.2　控制系统的原理与结构

根据控制系统的功能要求，采用模块化的思想，将控制系统整体分为输入模块和输出模块，如图 8-1 和图 8-2 所示。输入模块包括安全保护模块、原点检测模块、位姿测量模块以及演示检测模块，输出模块包括状态控制模块、接通指示模块以及电机驱动模块[6-9]。绕 X 轴和绕 Y 轴的旋转角度，可以通过读取吊架标尺上的水平偏移数据，并在触摸屏上输入该数据即可算出。PLC 本体输入模块接线图如图 8-3 所示，PLC 本体输出模块接线图如图 8-4 所示。

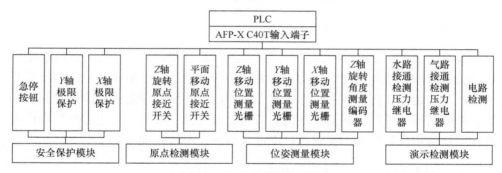

图 8-1　PLC 本体输入模块

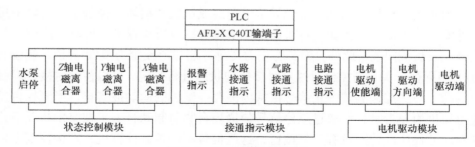

图 8-2　PLC 本体输出模块

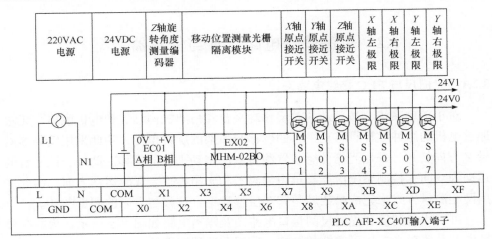

图 8-3　PLC 本体输入模块接线图

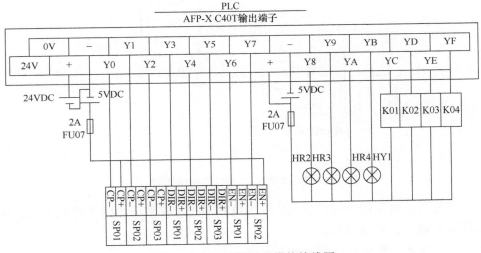

图 8-4　PLC 本体输出模块接线图

为了满足试验台的随动特性，驱动装置和各个运动机构通过电磁离合器进行脱离，在状态控制模块中，通过各自的中间继电器来控制电磁离合器和水泵的启停。为提高系统的可靠性，所有控制点均设计回读点，可以进行状态读取，同时对重要部件伺服电机驱动器、控制回路的状态检测进行冗余设计，伺服电机驱动器可以通过"伺服准备好""伺服故障"两个信号进行判读，控制回路可以通过各控制元件状态、伺服状态进行判读。接通指示信号通过触摸屏上的指示灯直观显示。此外，可编程控制器还包括一套扩展输出模块，用于控制电、液、气路测试开始时电磁阀中间继电器的动作。

8.2　关键硬件电路设计与传感器选型

8.2.1　光栅尺与 PLC 接线电路设计

对于随动系统，被驱动的双层移动平台和吊架机构已经和电机脱离，无法通过电机的脉冲数计算移动平台的位移和吊架的旋转角度，为此采用编码器测量 Z 方向转角，采用光栅传感装置测量双层移动平台的位移。此外，该平台的运动为双向，控制系统应能够辨识编码器和光栅传感装置的运动方向，因此采用两相测量方式来完成吊架转角和双层移动平台位移与方向的测量[10-13]。

可编程控制器和光栅尺的接口电路图及隔离电路如图 8-5 所示，为减少外部电源品质对光栅尺可靠性的影响，采用电源隔离设计。

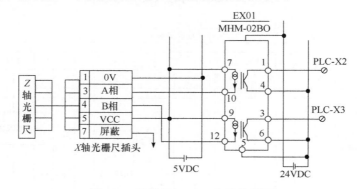

图 8-5　光栅尺与 PLC 电路接线图

光栅传感器采用中国科学院长春光机数显技术有限公司生产的 SGC-4.2 型封闭式光栅尺，其基本参数如下：

(1) 测量范围为 0～1000mm；

(2) 输出信号为 TTL、HTL、RS-422、约为 1VPP；

(3) 栅距为 0.02mm(50 线/mm)、0.04mm(50 线/mm)；

(4) 零位参考点每 50mm 一个、每 200mm 一个；

(5) 距离编码精度为 ±2μm、±3μm、±5μm、±10μm(20℃、1000mm)；

(6) 分辨率为 0.001mm、0.005mm、0.01mm；

(7) 响应速度为 60m/min、120m/min、150m/min。

8.2.2　控制系统供电电路设计

为减少外部电源品质对测试平台系统可靠性的影响，采用电源隔离设计，外部电源只进入电源系统，其他系统的供电均由电源系统隔离后供电，可以有效克服电源品质对测试平台系统可靠性的影响。在整个控制系统中，光栅尺、力传感器、水泵及系统电源指示等需要不同的电源供电：交流伺服驱动器主电源、PLC 模块控制电源、插座、系统电源指示及水泵电源需要 220V 交流电源供电，交流伺服驱动器的控制信号电源需要 12～24V 直流电源供电，信号接口电路板采用电源系统隔离模块供电。光栅尺测量装置采用 5V 直流电源供电，力传感器装置及触摸屏采用 24V 直流电源供电，控制系统供电电路如图 8-6 所示。

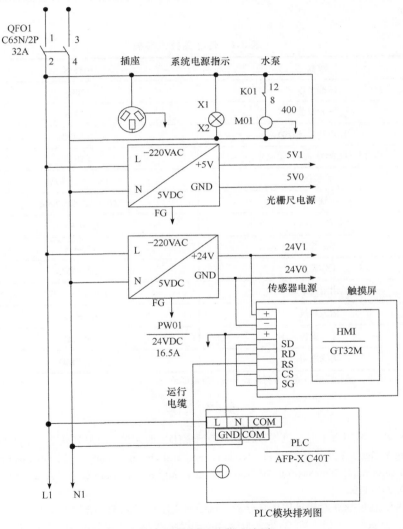

图 8-6　控制系统供电电路

8.2.3　传感器选型

在对接过程中，被动对接机构上的六维力传感装置将测量值发送到对接机构的控制系统中，实时监测对接状态。本试验台采用 BF10-XX 系列机械应力传感器，它是针对原始设备制造商(original equipment manufacturer，OEM)客户进行设计的产品，通过纽扣式结构封装，可装入仪器内部，以便于对工作过程中的力进行监控，具有精度高、寿命长等特点，可适用于空间狭窄场所，所配备变送器的输出标准为 4～20mA、0～5V 电信号。传感器的技术参数如表 8-1 所示[14-20]。

表 8-1　传感器技术参数

参数	标称值
标准量程	100kg
最大过载	150F.S.
激励电压(桥输出)	10VDC
综合精度(线性+滞后+重复性)	0.5F.S.
灵敏度	1.0～1.5mV/V
蠕变	±0.05%F.S./30min
热零点漂移	±0.05%F.S./10℃
零点输出	±1%F.S.
工作温度	−20～65℃
输出温度影响	±0.05%F.S./10℃
输入阻抗	350±20Ω
输出阻抗	350±3Ω
绝缘电阻	>5000MΩ

注：F.S.表示传感器能够测量或检测的最大物理量范围或值。

参 考 文 献

[1] 戴野. 小型通用自主对接机构设计及试验研究[D]. 哈尔滨: 哈尔滨理工大学, 2006.

[2] Zhang Y, Sun L L, Lai Y N, et al. Dynamics and attitude error analysis for dock test system of small satellite[J]. Transactions of Nanjing University of Aeronautics and Astronautics, 2015, 32(4): 372-379.

[3] 周丽丽. 新型捕获对接机构仿真分析与试验研究[D]. 哈尔滨: 哈尔滨理工大学, 2015.

[4] 张元, 孙丽丽, 王健, 等. 新型六自由度运动模拟器及其性能测试[J]. 哈尔滨理工大学学报, 2014, 19(4): 38-43.

[5] 张元, 范长珍. 复合式对接试验台构型及动力学分析[J]. 哈尔滨理工大学学报, 2018, 23(1): 7-12.

[6] 张元, 孙丽丽, 胡乃文, 等. 小型卫星立式对接测试平台的动力学分析[J]. 哈尔滨理工大学学报, 2014, 19(2): 6-11.

[7] 张瀚博. 空间桁架在轨组装机器人设计与重构策略研究[D]. 哈尔滨: 哈尔滨理工大学, 2020.

[8] 范长珍. 复合姿态对接试验台构型优化及关键部件可靠性分析[D]. 哈尔滨: 哈尔滨理工大学, 2017.

[9] Dai Y, Liu Z X, Qi Y S, et al. Spatial cellular robot in orbital truss collision-free path planning[J]. Mechanical Sciences, 2020, 11(2): 233-250.

[10] Dai Y, Liu Z X, Zhang H B, et al. Recent patents for modular self-reconfigurable robot[J]. Recent Patents on Mechanical Engineering, 2019, 12(4): 279-289.

[11] Dai Y, Zhang H B, Qi Y S. Recent patents on valve mechanism device[J]. Recent Patents on Mechanical Engineering, 2020, 13(3): 230-241.

[12] 张元. 空间对接机构及六自由度仿真试验台研究[D]. 哈尔滨: 哈尔滨理工大学, 2017.

[13] 吕晶薇, 高语斐, 戴野, 等. 异类细胞单元构型策略与装配研究[J]. 哈尔滨理工大学学报, 2021, 26(6): 55-65.

[14] Zhang Y, Shao J P, Wang P, et al. Non-fragile reliable control law with the D-stability of a claw-shaped docking mechanism based on kinetic analysis[J]. Journal of Computational and Theoretical Nanoscience, 2016, 13(3): 1584-1592.

[15] Dai Y, Gao Y F, Wen W J. Recent patents for space docking mechanism[J]. Recent Patents on Mechanical Engineering, 2021, 14(2): 164-174.

[16] 张丽媛. 复合对接试验台的构型设计及稳定性分析[D]. 哈尔滨: 哈尔滨理工大学, 2016.

[17] Lai Y N. Design of an automatic autonomous mini prone-cone microsatellite docking mechanism[J]. Chinese Journal of Mechanical Engineering, 2010, 23(3): 353.

[18] Dai Y, Xiang C F, Zhang Y, et al. A review of spatial robotic arm trajectory planning[J]. Aerospace, 2022, 9(7): 361.

[19] Dai Y, Xiang C F, Qu W Y, et al. A review of end-effector research based on compliance control[J]. Machines, 2022, 10(2): 100.

[20] Zhang Y, Zhou L L, Wang J, et al. Research on dynamics simulation of buffering process of docking mechanism[J]. Applied Mechanics and Materials, 2014, 701-702: 748-752.

第 9 章　对接机构及其仿真试验台物理样机试验

9.1　收-拉三爪式对接机构物理样机测试方法与试验

9.1.1　对接机构物理样机测试方法

为验证物理样机的结构参数、功能参数及其质量特性是否满足技术要求和指标范围，开展机构参数及静态测试。根据虚拟设计结果，设计出各零部件的生产图纸，之后生产并组装完成物理样机，如图 9-1 所示。根据样机的轻质量化要求，主体结构选用铝合金、钛合金等高强度轻质材料；根据锁爪控制要求，样机安装有驱动器与控制器，用于控制锁爪收放动作的执行及速度参数调整；根据压力监测及反馈要求，样机结合面预留并安装有压力传感器，可实时反馈监测到的压力参数[1-3]。

图 9-1　对接机构物理样机

为验证操作机构的运动性能和范围，结合物理样机实际及现有测试试验条件，采用如下方式进行机构运动测试。

1. 测试试验台功能

试验台具备的功能可以总结为以下几点[4-8]：

(1) 地面随动系统分为主、被动两部分，用于模拟主、被动航天器。两部分相加能够提供不少于六个自由度(包括滚转、俯仰、偏航，两个水平平动自由度及垂直方向自由度)，每个自由度均能够独立运动并实现定位。

(2) 在安装对接机构后，随动系统能够在活动空间覆盖范围内任意位置状态下悬停。

(3) 随动系统能够近似模拟失重条件，具有较小的静摩擦力与动摩擦力，运动灵活自由。

(4) 在模拟对接初始条件时，各自由度能够实现位姿测量，并设有相应的窗口，以方便读数。

(5) 具有演示液体传输、气体传输、电气连接功能，演示效果直观，操作方便。

2. 对接机构在试验台上的安装方式

将对接机构的被动部分安装在试验台的连接架上，然后吊装在位于试验台上方的笼架上，以保证对接机构的被动部分可以在活动空间覆盖范围内任意位置状态下悬停；将对接机构的主动部分安装在试验台的连接台上，然后共同嫁接在位于试验台下方的双层滑台上，以保证对接机构的被动部分可以在各个方向位置都能够独立运动并且实现定位。

按照上述方法将对接机构安装在试验台上，安装完成后的位置平面图如图 9-2 所示。

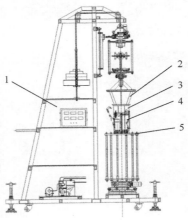

图 9-2　安装位置平面图

1-试验台主体；2-被动机构连接架；3-被动机构；4-主动机构；5-主动机构连接台

3. 对接机构在试验台上的试验步骤

对接机构在试验台上的试验步骤如下：

(1) 按上述方式安装完毕后，将试验台各方向的运动方式置于随动状态。

(2) 在允许的范围内，驱动对接机构的步进电机进行初对接，位置确定后将试验台的各自由度对零。

(3) 将锁爪松开归原位。

(4) 将 X 方向自由度调离中心 30mm 内的任意设定值，然后进行对接试验。

(5) 将 Y 方向自由度调离中心 50mm 内的任意设定值，然后进行对接试验。

(6) 将 Z 方向自由度调离中心 30mm 内的任意设定值，然后进行对接试验。

(7) 分别调离 X、Y、Z 方向自由度中的任意两个允许的设定值，然后进行对接试验。

(8) 将 X、Y、Z 方向自由度同时调至允许的设定值，然后进行对接试验。

(9) 在 $0° \sim 20°$，将被动机构按任意设定值调偏，然后进行对接试验。

在试验台上的试验过程如图 9-3 所示。

(a) 主、被动机构在试验台上的安装

(b) 对接测试开始

(c) 对接过程中

(d) 对接成功，指示灯亮

图 9-3　试验过程

9.1.2　对接机构物理样机试验结果与分析

1. 机构参数及静态测试结果

机构参数及静态测试结果具体如下：

(1) 样机采用钛合金、形变铝合金、不锈钢材料，机构总质量约 6kg(不含驱动元件)，满足结构简单、质量轻的要求。

(2) 主动机构对接成功后从底端到上平台的长度为 347mm(不含三指的附加高度)，主动机构下支撑底盘和上支撑底盘直径均为 240mm，满足要求。

(3) 机构采用双旋向丝杠驱动，上、下位螺纹升降盘总行程约 265mm，上位螺纹升降盘处于最低位置时，操作机构三指张开角度均为 22°，上位螺纹升降盘处于最高位置时，操作机构三指张开角度均为 0°。三指完全张开时，最大外包络直径为 458mm；完全收拢时，外包络直径为 255mm。

(4) 驱动电机最大功率近 100W，经过减速器后，驱动能力大约能增大 50 倍，再经一对齿轮减速，增大 1.4 倍。

(5) 机构总质量(包括驱动系统)为 11.6kg，未能满足技术抓持机构总质量不大于 7.5kg 的要求，这是为了满足抓持力大于 2000N 的技术指标，同时受机构尺寸的限制，所使用的驱动电机和减速器的质量约为 5.5kg，约占系统总质量的45%。

由文献和前期工作经验可知，阿波罗飞船与联盟号飞船所使用的异体同构周边外翻式对接机构的质量为 276kg，其要求的对接初始条件为横向偏差小于30cm，角度偏差不大于 10°；我国载人航天工程中采用的异体同构周边内翻式对接机构的方案设计质量为 150kg 左右，实际工程样机的质量约为 220kg。而其对接初始条件要求横向偏差小于 15cm、角度偏差不大于 5°。美国的轨道快车计划中的对接机构系统质量大约在 25kg，其对接初始条件参数不详。作者团队在 2007 年所研制的用于在轨服务的小型类杆-锥式样机由于采用了不锈钢材料，样机总质量为 150kg 左右，其对接初始条件所要求的横向偏差小于 10cm，角度偏差不大于 4°，对接过程中的冲击碰撞力小于 1000N。

根据以上分析，若降低抓持机构的抓持力要求，则可以通过使用具有较小减速比的减速器和驱动电机来进一步降低系统总质量，但要满足总质量小于7.5kg 的要求依然存在很大困难。

2. 机构运动捕获对接测试结果分析

1) 对接机构测试记录
根据前文所述的物理样机测试方法进行试验，同轴正碰对接测试如图 9-4

所示。在测试过程中，为模拟失重状态，通过调整吊装机构的配重大小来抵消被动机构的重力，此时由传感器读取出的反馈值即为对接时的压力(已忽略重力对结合面处的压力影响)。

(a) 偏距为40mm　　　　　　(b) 偏距为30mm　　　　　　(c) 偏距为20mm

图 9-4　不同初始偏距测试

由于压力反馈值的理论值单位为千克，为保持数据的一致性，调整压力传感器的读取仪器单位为千克。测试读取出的三组不同初始状态下的对接时间、最大抓接力如表 9-1 所示。根据前文所述的力学性能检测计算方法，取各组数据的平均值作为最大抓接力，计算得到最大抓接力为 11.12kg。

表 9-1　各仿真组缓冲力峰值

测量值	试验组		
	偏距为 20mm	偏距为 30mm	偏距为 40mm
对接时间/s	120	122	125
最大抓接力/N	11.94	10.08	11.33

将末端执行器对接机构安装在试验台上后，对其进行机构运动捕获测试，测试结果记录如表 9-2 所示。

表 9-2　初步测试结果记录

序号	项目(或参数)	技术条件	历次测试实际值			
			第1次	第2次	第3次	第4次
1	沿 X 轴方向的移动行程检验	0～30mm	5mm	15mm	25mm	30mm
2	沿 Y 轴方向的移动行程检验	0～30mm	5mm	15mm	25mm	30mm
3	沿 Z 轴方向的移动行程检验	0～50mm	10mm	20mm	35mm	50mm

续表

序号	项目(或参数)	技术条件	历次测试实际值			
			第 1 次	第 2 次	第 3 次	第 4 次
4	绕 Z 轴方向的旋转检验	±20°	5°	10°	—	—
5	绕 Z 轴方向的偏航检验	±20°	5°	5°	—	—
6	绕 X、Y 轴方向的俯仰检验	±20°	5°	10°	—	—
7	X、Y 方向联动	0~30	20mm、10mm	15mm、30mm	30mm、30mm	—
8	X 方向平动，Z 轴旋转联动	—	10mm、5°	30mm、10°	—	—
9	Y 方向平动，Z 轴旋转联动	—	10mm、5°	30mm、10°	—	—
10	X、Y 方向平动，Z 轴旋转联动	—	25mm、8°	30mm、10°	—	—
11	定位缓冲是否成功	—	是	是	是	是
12	电路连接是否成功	—	是	是	是	是

从样机运动测试结果来看，机构在运动过程中平稳，操作连接均能成功，这也表明所设计的对接机构具有较强的操作能力。

2) 测试结果分析

由上述初步的测试试验可知，对接机构总体设计方案是合理的，机构尺寸和质量均满足技术要求。

物理样机在对接机构中设置了定位缓冲元件，并且兼备输液、输气、输电功能，有效拓展了功能空间。

从已进行的测试来看，主动机构上的定位孔开口角度需要进一步改进，合理加大即可[9-14]。

9.2　立式六自由度仿真试验台物理样机测试方法与试验

系统主要为小型空间对接机构提供地面演示的试验环境，以确定对接机构在地面模拟的工作环境下的工作可靠性，测试试验台主要由地面随动系统和控制演示部分两大系统组成。在整机测试中，需要将对接机构安装在试验台上进行运动的合理性检验及整机协调性检验。仿真试验台提供了一种验证环境，可以满足空间对接机构进行地面测试，以演示模拟方式来检验对接机构在仿太空工作环境下的工作可靠性，控制演示部分与地面随动系统组成了立式试验台，其物理样机初样图如图 9-5 所示。

图 9-5　立式试验台物理样机初样图

图 9-6～图 9-9 分别为球关节结构、角度尺、轴心偏角调节器和电驱动装置的实物图，它们均为立式仿真试验台的主要组成部件。控制柜的控制面板如图 9-10 所示。

图 9-6　球关节结构实物图

图 9-7　角度尺实物图

图 9-8　轴心偏角调节器实物图

图 9-9　电驱动装置实物图

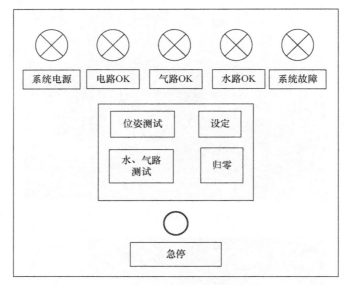

图 9-10　控制柜的控制面板

在试验安装过程中应考虑以下几点：

(1) 电、液、气的管路布局不能干涉或影响运动模拟器的运动试验效果。

(2) 电、液、气配套设备均配置在运动模拟器底面平台的结构上或运动模拟器之外，在对接成功后，再将这些配套设备与对应接口相连。

(3) 为了模拟气、液传输过程，需要考虑在重力影响下的气、液流动驱动控制。

根据对接试验系统的功能需求，试验研究的内容包括运动学模拟演示、控制及演示系统的验证。为了保证各个性能指标均能满足要求，需要进行单项测试和系统综合测试。

9.2.1　立式仿真试验台物理样机测试方法

1) 测控系统应具备的功能

运动精度是决定对接成功与否的重要指标，因此在对对接试验台的测控系统进行设计时，需要对其应具备的实际功能进行详尽的分析。

(1) 位置信号传感器将检测到的 X、Y、Z 三个轴向移动位置信号和一个绕 Z 轴转动的角度测量信号输入控制装置中；依据角度尺对应的传感器判断 X、Y 轴的旋转角度是否达到预设的数值。传感器将检测的位姿测量信号反馈给控制装置后，各个自由度的驱动电机就会接收到依据初始条件输出的控制信号，经过系统的反馈定位，使各个执行部件到达所预定的位置。

(2) 试验过程中所发生的异常情况很容易对试验件造成损坏，因此需要配备三级行程保护，包括行程开关、机械限位和软件限位；配备力/力矩限位器可以防止力传感器超过预定的力/力矩阈值；对接机构姿态由控制装置来判定，同时可控制试验台的运动，当需要停止信号保持为高值时，即可终止整机的运动；当对接机构发生异常状况需要紧急停止时，可通过急停信号控制整机停止工作；为了达到在异常状况下快速停止运行的目的，需要配置急停按钮，这些信号可以直接控制主控制回路。

(3) 对接工作过程的控制与测量信号可以通过各交互电路和控制系统同时显示在显示屏上，六自由度控制量可通过人机交互界面进行控制参数的键入。

(4) 对接工作结束后，演示系统依据检测系统的反馈信号对电、气、液等闭环接通状态进行演示，直接显示出各路的连接状态，从而判断是否对接成功。

2) 测控系统的原理与结构

根据测控系统的设计要求，对测控系统进行模块化处理，并将整体分为输入信号和输出信号两个模块，如图 8-1 和图 8-2 所示。分别输入可绕 X 轴旋转和可绕 Y 轴旋转的角度，再读取吊架水平方向偏转的位移数值，并根据预设垂直距离(114cm)，即可求出偏转角度。

为了使试验台具备随动性能，执行机构与驱动器之间的离合是通过小型电磁离合器实现的。为了使控制系统的可靠性得到提高，水泵和电磁离合器的停止和启动通过各自的中间继电器进行控制，并设计回读点，可以进行状态读取，同时对控制回路、伺服电机驱动器等重要部件的状态检测进行冗余设计，通过各控制元件状态、伺服状态进行判读控制回路，可通过"伺服故障""伺服准备好"两个信号进行判读伺服电机驱动器。通过触摸屏上的指示灯可直观显示出接通指示信号。另外，电、气、液路测试开始时，电磁阀中间继电器的动作需要可编程控制器中的一套扩展输出模块进行控制。

3) 光栅传感器

对于随动系统，吊架的旋转角度和移动座的位移已经无法通过电机发出的脉冲数进行计算，因此 Z 方向上的转角通过编码器来测量，而双层移动平台的位移用光栅传感装置进行测量。平台为双向运动，光栅传感装置和编码器的运动方向需要经过测控系统的辨识，因此为了完成双层移动平台位移、方向、吊架转角的测量，需要采取两相测量方式。

4) 测控系统供电电路

为了减少外部电源品质因素对试验台的影响，采用隔离电源方式，即外部电源只能进入电源系统，其余系统的供电全部由隔离后的电源系统供给，电源品质对测试平台系统可靠性的影响明显减弱。在整个测控系统中，不同的电源分别为水泵、光栅尺、系统电源及力传感器等供电，包括伺服驱动器的可编程控制器的控制电源、系统电源、水泵电源及其他所需的 220V 交流电源，伺服驱动器的控制信号供电由 12～24V 直流电源提供，电源隔离模块作为信号的接口。光栅尺传感器装置供电由 5V 直流电源提供，触摸屏及力传感器供电由 24V 直流电源提供。

5) 测控系统结构测试

在运动学模拟演示验证中，通过以下各项检验对测试试验台本体结构进行测试，包括各自由度的运动范围检验、机械本体形位公差检验，其中运动范围的检验结果如表 9-3 所示，机械本体形位公差的检验结果如表 9-4 所示。

表 9-3　运动范围检验结果

序号	测试项目	技术要求指标	实测数据			
			第 1 次	第 2 次	第 3 次	第 4 次
1	沿 X 方向移动	−75～+75mm	+60mm	−60mm	+75mm	−75mm
2	沿 Y 方向移动	−75～+75mm	+60mm	−60mm	+75mm	−75mm
3	沿 Z 方向移动	0～400mm	320mm	340mm	360mm	400mm
4	绕 Z 轴转动	±180°	+90°	+180°	−90°	−180°
5	绕 X 轴转动	±10°	+5°	±10°	−5°	−10°
6	绕 Y 轴转动	±10°	+5°	±10°	−5°	−10°

表 9-4　机械本体形位公差检验结果

项目	测试项目	技术指标要求	实测数据
Y 向直线度	主动平台沿 Y 方向运动时在 Y、Z 平面上的跳动	≤0.03mm	0.01mm
	主动平台沿 Y 方向运动时在 Y、X 平面上的跳动	≤0.03mm	0.01mm
Z 向直线度	下运动平台沿 Z 方向运动时在 Y、Z 平面上的跳动	≤0.03mm	0.015mm
	下运动平台沿 Z 方向运动时在 Y、X 平面上的跳动	≤0.03mm	0.02mm
X 向直线度	下运动平台沿 X 方向运动时在 Y、X 平面上的跳动	≤0.03mm	0.02mm
	下运动平台沿 X 方向运动时在 Z、X 平面上的跳动	≤0.03mm	0.02mm
X、Y 直线运动相互垂直度	—	≤15mm	12mm
Z 向直线运动与下平台的垂直度	移动横梁沿 X 方向运动时在 Y、X 平面上的跳动	≤0.03mm	0.025mm
	移动横梁沿 X 方向运动时在 Z、X 平面上的跳动	≤0.03mm	0.03mm

续表

项目	测试项目	技术指标要求	实测数据
下运动平台与 X、Y 方向直线运动的平行度	下运动平台绕 X 轴转动时对接机构连接法兰的端向跳动	≤0.03mm	0.03mm
	下运动平台绕 X 轴转动时径向跳动	≤0.03mm	0.02mm
	绕 X 回转轴与 Y、Z 直线运动垂直度(沿 Y 向)	≤0.03mm	0.03mm
	绕 X 回转轴与 Y、Z 直线运动垂直度(沿 Z 向)	≤0.03mm	0.03mm
绕 Y 回转轴与绕 Z 回转轴垂直度	—	≤0.03mm	0.02mm

由表 9-3 和表 9-4 的测试结果可以看出，各自由度的运动范围及形位公差均满足技术条件的要求。在测试过程中，运动平台能够手动或自动实现各自由度的单独运动(X、Y、Z 直线运动，X、Y、Z 旋转运动)，并且能够手动或自动实现各自由度以不同速度的组合运动，运行过程平稳，没有出现卡死的状况。

此外，各运动自由度的锁紧装置动作安全可靠，各自由度运动均设有机械挡块行程限位装置(此项检查可不做实际撞击操作)。

9.2.2　对接机构与仿真试验台联合试验结果与分析

为了防止整机特性测试台出现异常情况造成试验件损坏，首先应该检查各项安全保护措施是否可靠无误，安全性能检验结果如表 9-5 所示。测试试验台系统的主要功能包括测试平台各个自由度的定位、对接过程中位姿的反馈，以及气、液、电传输系统的演示控制，主要检验项目包括输入输出功能、试验台控制系统和对接机构电气接口的匹配以及演示功能等，试验台具体的功能检查结果如表 9-6 所示。图 9-11 为小型空间对接机构地面控制器实物图。

表 9-5　安全性能检验结果

序号	检验项目	达标情况分析
1	软件程序限位	检测平台各自由度(X、Y、Z 三向直线运动，X、Y、Z 三轴旋转运动)均由软件设定行程极限，当运动抵达软件内部限定的位置时，系统自动采取停车措施
2	电子开关限位	检测平台各自由度(X、Y、Z 三向直线运动，X、Y、Z 三轴旋转运动)均设有电子行程限位开关，当运动抵达电子行程开关限定的位置时，系统自动采取制动措施
3	开关按钮检查	各开关按钮开启、断开动作可靠

表 9-6　功能检查项目表

序号	检查项目	达标情况分析
1	位姿反馈功能	各自由度上的运动位姿(X、Y、Z 直线运动，Z 旋转运动)可以通过传感器实时监测，并准确反馈到控制系统中
2	位姿输出功能	系统能够依据输入参数运动到初始位姿，当所输入的参数超出各自由度位移、转角的阈值时，系统指示灯亮
3	测试试验台的匹配	控制柜与电气接口连接正确，接口信号交换正常可靠，且能够接收并显示传来的数据信息
4	气路演示	气体传送速率为 0.6L/s，控制范围为 0.4～1L/s；气体压强为 0.3MPa，小于 1MPa 的允许值
5	液路演示	液体传送速率为 0.027L/s，控制范围为 0.025～0.03L/s；液体压强为 0.4MPa，小于 1MPa 的允许值

图 9-11　小型空间对接机构地面控制器实物图

　　分析表 9-5 可知，当系统位置反馈值达到限定值时，平台随即停止运行。由表 9-6 中的数据可以得出，系统位置精度控制达标。在对接过程中，各传感器数据反馈值图像化显示良好，对接完成后，试验台控制系统能及时发出信号，表明对接完成，各接口连接可靠。最后，在演示过程中，传输气体和液体介质的速率符合标准，压强反馈值低于限制指标。

　　通过对安全性检验的结果分析可知，当测试试验台各自由度的运动到达所限定的位置时，软件程序限位和电子开关限位均能自动并及时采取制动措施，对测试平台关键部件起到了良好的安全保护作用。分析表 9-5 可知，系统能够准确地按照对接初始条件控制相应的部件运动到触摸屏上要求到达的位置，在对接过程中，各个自由度的运动可以通过传感器准确地反馈位姿状态并显示在触摸屏面板上，对接完成后，对接机构控制器能够及时地向测试试验台控制柜发出"对接完成"信号，表明控制柜与对接机构的电器接口连接正确，且信号交换可靠。在系统演示阶段，气体和液体介质的传输速率均在控制范围内，且各自的压强均小于允许值，表明演示效果良好。

通过对以上检验结果的分析可知，立式对接试验台系统能够实现对接机构的对接过程，达到了系统的功能要求以及性能要求[15-25]。

参 考 文 献

[1] 戴野. 小型通用自主对接机构设计及试验研究[D]. 哈尔滨: 哈尔滨理工大学, 2006.

[2] 孙丽丽. 立式对接测试平台的分析设计与试验研究[D]. 哈尔滨: 哈尔滨理工大学, 2014.

[3] 于洋涛. 基于虚拟样机的小型通用快速自主对接机构研究[D]. 哈尔滨: 哈尔滨理工大学, 2006.

[4] 刘朝旭. 空间在轨桁架细胞机器人衍生构型分析及路径规划[D]. 哈尔滨: 哈尔滨理工大学, 2021.

[5] 张元, 范长珍. 复合式对接试验台构型及动力学分析[J]. 哈尔滨理工大学学报, 2018, 23(1): 7-12.

[6] Dai Y, Xiang C F, Liu Z X, et al. Modular robotic design and reconfiguring path planning[J]. Applied Sciences, 2022, 12(2): 723.

[7] 张瀚博. 空间桁架在轨组装机器人设计与重构策略研究[D]. 哈尔滨: 哈尔滨理工大学, 2020.

[8] 范长珍. 复合姿态对接试验台构型优化及关键部件可靠性分析[D]. 哈尔滨: 哈尔滨理工大学, 2017.

[9] Dai Y, Liu Z X, Qi Y S, et al. Spatial cellular robot in orbital truss collision-free path planning[J]. Mechanical Sciences, 2020, 11(2): 233-250.

[10] Dai Y, Liu Z X, Zhang H B, et al. Recent patents for modular self-reconfigurable robot[J]. Recent Patents on Mechanical Engineering, 2019, 12(4): 279-289.

[11] Dai Y, Zhang H B, Qi Y S. Recent patents on valve mechanism device[J]. Recent Patents on Mechanical Engineering, 2020, 13(3): 230-241.

[12] 张元. 空间对接机构及六自由度仿真试验台研究[D]. 哈尔滨: 哈尔滨理工大学, 2017.

[13] Zhang Y, Shao J P, Zhang L Y, et al. Analysis on modeling and motion simulation based on manipulator end executor of small satellite during the grasping process[J]. International Journal of Smart Home, 2015, 9(10): 125-132.

[14] Zhang Y, Shao J P, Wang P, et al. Non-fragile reliable control law with the D-stability of a claw-shaped docking mechanism based on kinetic analysis[J]. Journal of Computational and Theoretical Nanoscience, 2016, 13(3): 1584-1592.

[15] 赵明军. 小型卫星对接机构地面六自由度试验台关键技术研究[D]. 哈尔滨: 哈尔滨理工大学, 2011.

[16] 张丽媛. 复合对接试验台的构型设计及稳定性分析[D]. 哈尔滨: 哈尔滨理工大学, 2016.

[17] Lai Y N. Design of an automatic autonomous mini prone-cone microsatellite docking mechanism[J]. Chinese Journal of Mechanical Engineering, 2010, 23(3): 353.

[18] Zhang Y, Sun L L, Lai Y N, et al. Dynamics and attitude error analysis for dock test system of small satellite[J]. Transactions of Nanjing University of Aeronautics and Astronautics, 2015, 32(4): 372-379.

[19] 周丽丽. 新型捕获对接机构仿真分析与试验研究[D]. 哈尔滨: 哈尔滨理工大学, 2015.

[20] Zhang Y, Zhou L L, Wang J, et al. Research on dynamics simulation of buffering process of docking mechanism[J]. Applied Mechanics and Materials, 2014, 701-702: 748-752.

[21] 张元, 孙丽丽, 王健, 等. 新型六自由度运动模拟器及其性能测试[J]. 哈尔滨理工大学学报, 2014, 19(4): 38-43.

[22] 张元, 孙丽丽, 胡乃文, 等. 小型卫星立式对接测试平台的动力学分析[J]. 哈尔滨理工大学学报, 2014, 19(2): 6-11.

[23] Zhang Y, Wang J, Song Y, et al. Dynamic simulation analysis for docking mechanism of on-orbit-servicing satellite[J]. Applied Mechanics and Materials, 2014, 487: 313-318.

[24] Zhang Y, Wang Y Y, Song Y, et al. Kinematics analysis and simulation of small satellite docking mechanism end executor[J]. Applied Mechanics and Materials, 2014, 487: 460-464.

[25] 王健. 在轨对接平台新型抓持机构设计与动力学仿真分析[D]. 哈尔滨: 哈尔滨理工大学, 2014.